冲压模具设计与制造项目化教程

主　编　王基维
副主编　谢力志
参　编　刘立刚　陈吉祥　陈国兴　蔡耀安
主　审　刘明俊

哈尔滨工业大学出版社

图书在版编目(CIP)数据

冲压模具设计与制造项目化教程/王基维主编.
—哈尔滨:哈尔滨工业大学出版社,2020.11(2025.2 重印)
　ISBN 978-7-5603-9024-6

　Ⅰ.①冲…　Ⅱ.①王…　Ⅲ.①冲模-设计-教材
Ⅳ.①TG385.2

中国版本图书馆 CIP 数据核字(2020)第 158889 号

策划编辑　李艳文　范业婷
责任编辑　范业婷　李佳莹
出版发行　哈尔滨圣铂印刷有限公司
社　　址　哈尔滨市南岗区复华四道街 10 号　邮编 150006
传　　真　0451-86414749
网　　址　http://hitpress.hit.edu.cn
印　　刷　哈尔滨圣铂印刷有限公司
开　　本　787mm×1092mm　1/16　印张 12.25　字数 285 千字
版　　次　2020 年 11 月第 1 版　2025 年 2 月第 3 次印刷
书　　号　ISBN 978-7-5603-9024-6
定　　价　58.00 元

前　言

　　本教材是编者在总结多年模具设计与制造从业经验和多轮模具项目化教学实践的基础上,按照"工作过程导向"的思路编写完成的。教材的目标是通过完成6个冲压模具设计与制造项目,培养学生的学习能力、专业能力和职业能力,使学生达到冲压模具岗位群职业能力要求。

　　本教材具有以下特点:首先,突出实用性和职业性,书中的项目都是由学校教师和企业工程师共同协商确定的,都是企业的真实项目或近些年职业技能大赛的题目,教学过程也完全按照企业模具设计与制造流程进行组织,书中的知识和技能与企业需求高度一致;其次,项目组织的过程中充分考虑学生的认知特点和潜在的教学规律,项目的难度由浅入深,涉及的知识点由少到多,后一个项目和前一个项目既有部分重叠的知识,又有足够的新内容供学生学习;再次,教材的内容突出基础理论知识的应用和实践能力的培养,基础理论教学以应用为目的,以"必需、够用"为度,实践能力在"做中教,做中学",实现"教、学、做"的统一。

　　本教材可作为高等职业院校、高等专科学校和成人高等学校模具设计与制造专业以及机械、机电类相关专业的教材,也可供从事模具设计与制造的工程技术人员自学以及工作时参考。

　　本教材由深圳信息职业技术学院王基维担任主编,上海润品科技公司谢力志担任副主编。全书共6个项目,项目1由王基维编写,项目2由谢力志编写,项目3由上海润品科技公司刘立刚编写,项目4由深圳信息职业技术学院陈吉祥编写,项目5由深圳信息职业技术学院陈国兴编写,项目6由深圳信息职业技术学院蔡耀安编写。全书由深圳信息职业技术学院刘明俊主审。

　　由于编者水平有限,书中有不妥之处在所难免,敬请广大专家和读者批评指正。

编者

2020 年 8 月

目　录

项目1 胸牌落料模具设计与制造

1.1 设计任务

工件名称:胸牌(图1-1)

材料:H62 黄铜

材料厚度:0.5 mm

生产量:10 万件

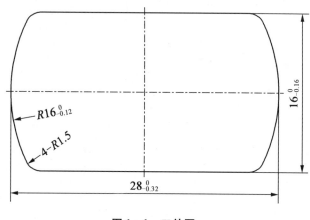

图1-1 工件图

技术要求:

1.未注公差按 IT14 级处理;

2.平面不允许翘曲。

1.2 胸牌落料模具设计

1.2.1 冲压件工艺性分析

此工件只有落料1个工序。材料为 H62 黄铜,具有良好的塑性、切削性与冲压性能,适合冲压。该工件结构简单,形状对称,无悬臂、凹槽,可以直接冲出。工件尺寸公差较大,技术要求公差为 IT14 级,尺寸精度较低,因此普通冲裁完全能满足要求。

1.2.2　确定工艺方案

该工件只需要落料1个工序。通过以上对该工件的结构、形状及精度的分析,该工件采用落料单工序就可完成冲压加工。

1.2.3　模具总体设计

1. 模具类型的确定

由冲压工艺分析可知,该工件采用单工序模冲压,所以本套模具类型为单工序落料模。如图 1 - 2 所示。

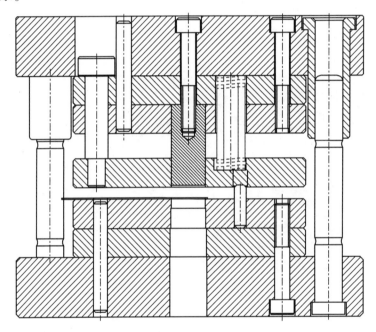

图 1 - 2　落料模结构

2. 模具工件结构形式的确定

(1)送料及定位方式。

采用手工送料,因为该模具采用条料,采用导料销控制条料的送进方向,采用挡料销控制条料的送进步距,如图 1 - 3 所示。

(2)卸料装置。

如图 1 - 4 所示,本套模具采用卸料板卸料。其原理是通过等高螺丝控制其行程,模具打开状态时,卸料板应高出凸模 3 ~ 5 mm。卸料板动力主要由卸料弹簧提供,卸料弹簧所提供的力应是卸料板质量的 1.5 ~ 2 倍。

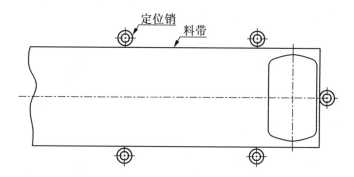

图 1-3 条料定位

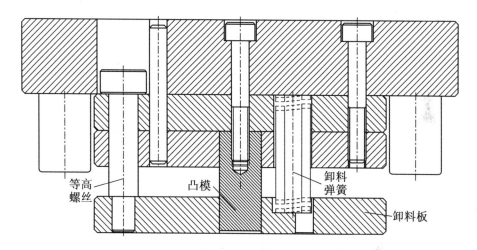

图 1-4 卸料方案

（3）模架的选用。

由于落料件结构简单，所以大批量生产都使用导向装置。导向装置主要有滑动式导柱导套结构和滚动式导柱导套结构两种。该工件承受侧压力不大，为了加工和装配方便，易于标准化，所以决定使用滑动式导柱导套结构。由于受力不大，精度要求也不高，同时为了节约生产成本，简化模具结构，降低模具制造难度，方便安装调整，采用四角导柱导套式模架。如图 1-5 所示。

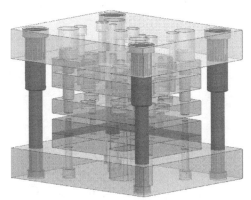

图 1-5 四角导柱导套式模架结构

1.2.4　工艺计算

1. 排样设计

排样设计不仅会影响工件质量、生产率与生产成本,还会直接影响材料的利用率以及模具的结构与寿命等。

材料利用率是衡量排样经济性的一项重要指标,在不影响工件性能的前提下,应合理设计工件排样,提高材料利用率。通过对比观察分析,该工件适宜采用废料单排排样。

查表 1 – 1 可知,搭边 $a = 1$ mm,侧面搭边 $b = 2$ mm,则条料宽度 $B = 28$ mm $+ 2 \times 2$ mm $= 32$ mm,进距 $S = 16$ mm $+ 1$ mm $= 17$ mm。裁板误差 $\Delta = 0.5$ mm,于是得到如图 1 – 6 所示的排样图。

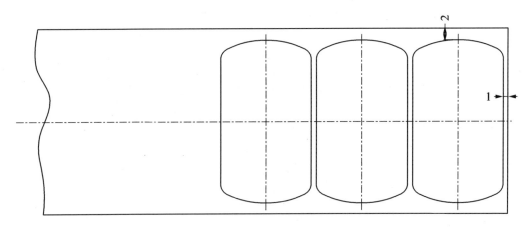

图 1 – 6　料带设计排样图

选用料带规格为 850 mm × 1 700 mm,采用横裁法,可裁得宽度为 32 mm 的条料 53 条,每条条料可冲出工件 50 个,由图 1 – 6 可计算该工件面积 $A = 425.24$ mm^2,则材料利用率为

$$\eta = \frac{NA}{LB} \times 100\% = \frac{53 \times 50 \times 425.24}{850 \times 1\ 700} \times 100\% \approx 77.99\%$$

表 1 – 1　最小搭边值　　　　　　　　　　　　　　　　　　　　　　　　　mm

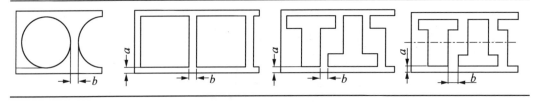

续表 1 - 1

材料	手送料					
	圆形或圆角 $r > 2t$		矩形件边长 < 50		矩形件边长≥50	
	a	b	a	b	a	b
0.25 以下	2.0	1.8	2.5	2.2	2.8	2.5
0.25 ~ 0.5	1.5	1.2	2.0	1.8	2.2	2.0
0.5 ~ 0.8	1.2	1.0	1.8	1.5	1.8	1.8
0.8 ~ 1.2	1.0	0.8	1.5	1.2	1.5	1.5
1.2 ~ 1.6	1.2	1.0	1.8	1.5	1.8	1.8
1.6 ~ 2.0	1.5	1.2	2.5	1.8	2.0	2.5
2.0 ~ 2.5	1.8	1.5	2.2	2.0	2.2	2.2
2.5 ~ 3.0	2.2	1.8	2.5	2.2	2.5	2.5
3.0 ~ 3.5	2.5	2.2	2.8	2.5	2.8	2.8
3.5 ~ 4.0	2.8	2.5	3.2	2.5	3.2	3.2
4.0 ~ 5.0	3.5	3.0	4.0	3.5	4.0	4.0
5.0 ~ 12	$0.7t$	$0.6t$	$0.8t$	$0.7t$	$0.8t$	$0.8t$

2. 冲裁力计算

由于单工序冲裁,则落料力 $F_{落料}$ 就是总的冲裁力。

$$F = KLt\tau_b = 1.7 \times 80.23 \times 0.5 \times 300 \approx 20\,460(\text{N})$$

式中　F——冲裁力;

　　　　K——系数;

　　　　L——冲裁周边长度;

　　　　t——材料厚度;

　　　　τ_b——材料抗剪强度。

系数 K 是考虑到实际生产中,模具间隙值的波动和不均匀、刃口的磨损、板料的力学性能和厚度波动等因素的影响而给出的修正系数。当不包含脱料力时,取 $K = 1.3$,反之,则取 $K = 1.7$ 。

1.2.5　模具工件详细设计

1. 工作工件设计

如图 1 - 7 所示,工作工件包括落料凸模和凹模。由于工件外形不规则,所以其模具采用配合加工法制造,即落料时以凹模为基准,只需计算凹模尺寸和公差。

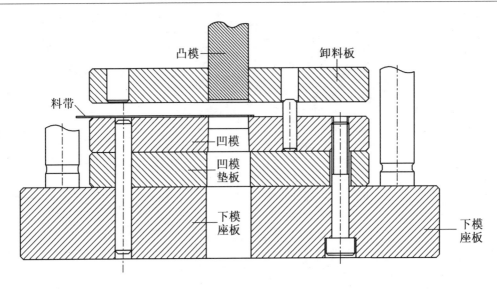

图 1 - 7　工作工件

(1)模具间隙。

模具间隙的决定因素有:材料材质、料厚和冲孔还是落料。当模具为落料时,间隙取值以刃口尺寸为基准,将冲子尺寸减小,从而形成冲子与刃口的间隙;当模具为冲孔时,间隙取值以冲子尺寸为基准,将刃口尺寸加大,从而形成刃口与冲子的间隙。

材料不同,间隙取值也不同。当材料为电解片、冷轧钢、铝、黄铜、磷铜、青铜时,单边间隙取材料厚度的 4% ~6% ,常取 5% ;当材料为不锈钢时,单边间隙取材料厚度的 5% ~7% ,常取 6% 。

举例说明:如图 1 - 8 所示,图(a)为落料,图(b)为冲孔,材料为 H62 黄铜,厚度为 0.5 mm,两者的尺寸及公差都一样,刃口与冲子在落料与冲孔中的计算尺寸分别如下。

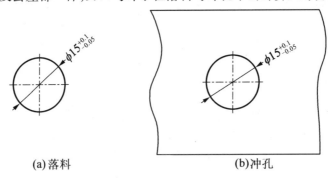

(a)落料　　　　　　　　　　　　　(b)冲孔

图 1 - 8　冲孔与落料工序说明

①落料。落料以刃口尺寸为基准,所以刃口基准尺寸取 $\phi15$ mm。再计算公差,根据标注可知,落料件的直径尺寸最小为 $\phi14.95$ mm,由于下模刃口因为磨损会变得越来越大,所以,下模刃口尺寸取 $\phi14.96$ mm。再根据间隙大小取值原则,0.5 mm 的黄铜单边间隙取值为 0.025 mm,因此,冲子的尺寸要比刃口的尺寸小 0.05 mm,故冲子的尺寸取 $\phi14.91$ mm。

②冲孔。冲孔以冲子尺寸为基准,所以冲子基准尺寸取 $\phi15$ mm。再计算公差,根据标

注可知,冲孔的直径尺寸最大为 $\phi15.5$ mm,由于冲子尺寸因为磨损会变得越来越小,所以,冲子尺寸取 $\phi15.09$ mm。再根据间隙大小取值原则,0.5 mm 的黄铜单边间隙取值为 0.025 mm,因此,下模刃口的尺寸要比冲子的尺寸大 0.05 mm,所以下模刃口的尺寸取 $\phi15.14$ mm。

所以,冲子与刃口的尺寸在进行相同规格的落料与冲孔模中,都是不一样的。

(2)落料凹模设计。

如图 1-9 所示,落料凹模采用整体式结构,外形为矩形。首先由经验公式计算出凹模外形的参考尺寸,再查阅标准得到凹模外形的标准尺寸,落料凹模材料选用 Cr12,热处理 HRC60~64。工作工件刃口尺寸计算见表 1-2,落料凹模外形设计见表 1-3。

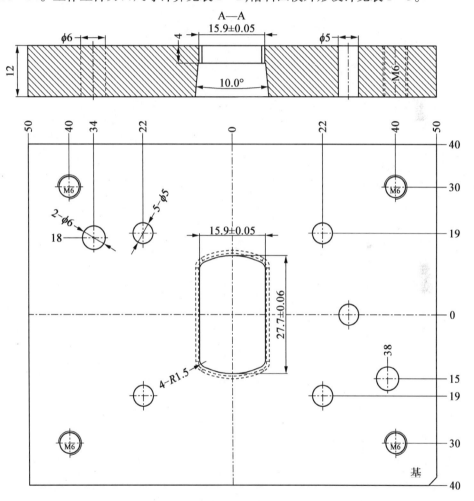

图 1-9 落料凹模

表 1-2 工作工件刃口尺寸计算

工件尺寸/mm	磨损系数	模具制造公差/mm	落料凹模刃口尺寸/mm
$28_{-0.32}^{0}$	0.75	±0.06	$(28-0.75\times0.4)\pm0.06=27.7\pm0.06$
$16_{-0.16}^{0}$	1	±0.05	$(16-1\times0.1)\pm0.05=15.9\pm0.05$

表 1-3 落料凹模外形设计

外形尺寸符号	凹模简图	外形尺寸计算值（根据经验）	外形尺寸标准值 $L \times B \times H$ /(mm × mm × mm)
厚度 H /mm		12	
壁厚 C /mm		30	
长度 L /mm		100	100 × 80 × 12
宽度 B /mm		80	

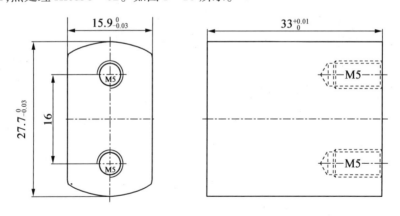

（3）凸模设计。

落料凸模为长方体,参照《冲模 圆柱头缩杆圆凸模》(JB/T 5826—2008)进行设计。材料选用 Cr12,热处理 HRC58~62。如图 1-10 所示。

图 1-10 落料凸模

2.其他板类工件设计

当落料凹模的外形尺寸确定后,即可根据凹模外形尺寸查阅有关标准或资料得到模座、固定板、垫板、卸料板的外形尺寸。

由《冲模滑动导向模架》(GB/T 2851—2008)查得滑动导向模架四角导柱 130 mm × 150 mm × (100~150)mm。为了绘图方便,还需要查出上、下模座的规格尺寸。

由《冲模滑动导向模座 第 2 部分:下模座》(GB/T 2855.2—2008)查得滑动导向下模座四角导柱 130 mm × 150 mm × 25 mm。

由《冲模滑动导向模座 第 1 部分:上模座》(GB/T 2855.1—2008)查得滑动导向上模

座四角导柱 130 mm × 150 mm × 25 mm。

由《冲模模板　第 2 部分:矩形固定板》(JB/T 7643.2—2008)查得矩形固定板 80 mm × 100 mm × 12 mm(冲孔凸模固定板)。

由《冲模模板　第 3 部分:矩形垫板》(JB/T 7643.3—2008)查得矩形垫板 80 mm × 100 mm × 12 mm(冲孔凸模垫板)。

查表 1 - 4 得卸料板的厚度为 12 mm,则卸料板的尺寸为 160 mm × 100 mm × 12 mm。

表 1 - 4　卸料板厚度　　　　　　　　　　　　　　　　mm

冲裁件厚度 t	卸料板宽度 B									
	≤50		50 ~ 80		80 ~ 125		125 ~ 200		>200	
	h_0	h_0'	h_0	h_0'	h_0	h_0'	h_0	h_0'	h_0	h_0'
~0.8	6	8	6	10	8	12	10	14	12	16
0.8 ~ 1.5	6	10	8	12	10	14	12	16	14	18
1.5 ~ 3	8	—	10	—	12	—	14	—	16	—
3 ~ 4.5	10	—	12	—	14	—	16	—	18	—
4.5	12	—	14	—	16	—	18	—	20	—

注:h_0—固定卸料板厚度;h_0'—弹压卸料板厚度

3. 导柱、导套的选用

由《冲模导向装置　第 1 部分:A 型小导柱》(GB/T 7645.1—2008)和《冲模导向装置第 3 部分:小导套》(GB/T 7645.3—2008)查得滑动导向导柱 A 12 × 100 GB/T 7645.1—2008,滑动导向导套 A 12 × 50 × 18 GB/T 7645.3—2008。

4. 螺钉、销钉的选用

全套模具选用 M6 内六角圆柱头螺钉;销钉选用直径为 ϕ6 mm 的圆柱形销钉。

1.2.6　选择及校核

(1)冲裁力的计算。

冲裁力的理论公式为

$$P_1 = TI\delta$$

式中　T——板厚,mm;

　　　I——轮廓线长,mm;

　　　δ——剪断抗力,kg/mm^2。

轮廓线长是指冲裁形状的周长,剪断抗力又称抗剪强度,它的大小取决于材料的种类,SPCC 材料抗剪强度为 35 kg/mm^2。材料种类很多,就像 SUS 系列材料,有 SUS301、SUS304、SUS631、SUS430,其中 SUS301 又有 SUS301 1/4H、SUS301 1/2H、SUS301 3/4H 等,另外还有磷铜、青铜、红铜、铍铜、洋白铁、冷轧钢、电解板、马口铁等。这么多种类的材料,要计算它们的冲裁力,一般要根据材料商提供的材料性能进行计算。

上面所讲的 $P_1 = TI\delta$ 是一种理论公式,而在实际生产中,要考虑其他各种因素,实际上所需要的冲裁力为 $P = 1.3P_1$,也就是说,实际冲裁力等于理论冲裁力的 1.3 倍,在该模具上是不是施加理论冲裁力的 1.3 倍就可以冲裁了呢? 实际上并非如此,在冲裁时,还要先压缩弹簧,那么,压缩弹簧到底要用多大的力呢? 弹簧主要是在冲子回升时脱料用的,弹簧的多少、强弱取决于脱料力的大小,一般来说,脱料力大概为实际冲裁力的 5% ~ 10%,如果用公式表示就是

$$P_S = (5 \sim 10)\% P$$

为了保证冲裁正常化,因此,在模具上要求施加的力为 $1.2(P + P_S)$,其中

$$P = 1.3P_1$$

$$P_S = (5 \sim 10)\% P = (0.065 \sim 0.13)P_1$$

则

$$T = 1.2[1.3P_1 + (0.065 \sim 0.13)P_1] = (1.6 \sim 1.7)P_1$$

所以,冲裁时作用在上模上的力要保证有理论冲裁力的 1.7 倍,这就是选择冲床大小的理论依据。

(2)设备选择。

根据上面的分析可得本套模具所需要的冲裁力为

$F_总 = 1.7P_1 = 1.7TI\delta = 1.7 \times 0.5 \times 160.46 \times 300 = 40\ 917.3(\text{N}) = 40.917\ 3(\text{kN})$

选择 JB 23 - 10 压力机,主要参数如下。

公称压力:100 kN;

最大闭合高度:150 mm;

闭合高度调节量:40 mm;

工作台尺寸:240 mm × 360 mm;

工作台落料孔尺寸:100 mm × 180 mm;

模柄孔尺寸:ϕ30 mm。

(3)设备验收。

主要验收平面尺寸和闭合高度。

模具采用四角导柱,下模座平面的最大外形尺寸为 150 mm × 130 mm,长度方向单边小于压力机工作台面尺寸 360 mm,下模座的平面尺寸单边大于压力机工作台落料孔尺寸,因此满足模具安装要求。

模具的闭合高度为 25 mm + 12 mm + 12 mm + 12 mm + 12 mm + 12 mm + 25 mm = 110 mm,小于压力机的最大闭合高度 150 mm,因此所选设备合适。

1.2.7　绘图

当上述各工件设计完成后,即可绘制模具装配图,如图 1 - 11 所示。

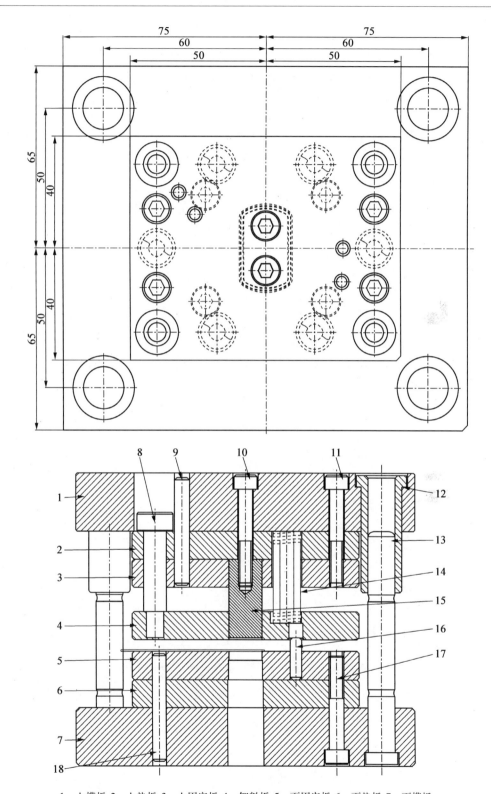

1—上模板；2—上垫板；3—上固定板；4—卸料板；5—下固定板；6—下垫板；7—下模板；
8—等高螺丝；9，16，18—销钉；10，11，17—内六角螺丝；12—导套；13—导柱；14—卸料弹簧；15—凸模

图 1-11　模具装配图

1.3　胸牌落料模具制造

本副落料模中,只有落料一道工序。所以模具工件加工的关键在工作工件、固定板以及卸料板,若采用线切割加工技术,这些工件的加工方式就变得相对简单。表1-5、表1-6为凸模与凹模的加工步骤。

表1-5　凸模加工步骤

工序号	工序名称	工序内容	工序简图(示意图)
1	凸模备料	采购毛坯:20 mm×33 mm×43 mm　说明:a 常取 1~3 mm,用于线切割;b 常取 10~15 mm,用于线切割装夹	
2	加工螺钉孔	按位置加工出螺钉孔	
3	热处理	按热处理工艺,淬火达到 HRC58~62	
4	线切割	按图线切割,轮廓达到尺寸要求	
5	钳工精修	全面达到设计要求	
6	检验		

表 1-6　凹模加工步骤

工序号	工序名称	工序内容	工序简图(示意图)
1	凹模备料	采购毛坯:100 mm×80 mm×12 mm	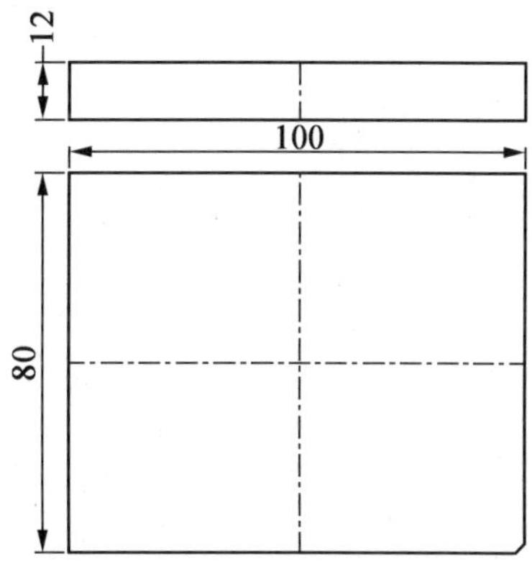 (图:12、100、80)
2	加工螺钉孔	按位置加工出螺钉孔,线切割穿丝孔,销钉孔(粗孔)	
3	热处理	按热处理工艺,淬火达到 HRC 58~62	
4	线切割	按图线切割,轮廓达到尺寸要求	
5	加工销钉孔	采用电火花按位置加工出落料避空孔	
6	钳工精修	全面达到设计要求	
7	检验		

　　下模板、固定板以及卸料板都属于板类工件,其加工工艺比较规范。大部分特征采用线切割加工,此处不再赘述。

1.4　模具的装配

　　根据落料模装配要点,选凹模作为装配基准件,先装下模,再装上模,并调整间隙、试冲、返修。模具装配工序见表 1-7。

表 1-7　模具装配工序

序号	工序	工艺说明
1	凸、凹模预配	①装配前,仔细检查各凸模形状、尺寸以及凹模型孔,是否符合图纸要求、尺寸精度及形状; ②将各凸模分别与相应的凹模孔相配,检查其间隙是否加工均匀;不合格的应重新修磨或更换

续表 1 - 7

序号	工序	工艺说明
2	凸模装配	以凹模孔定位,将凸模压入凸模固定板的型孔中,并挤紧固牢
3	装配下模	以下固定板作为装配基准,装配下垫板与下模板,并用螺钉紧固,打入销钉
4	装配上模	①在已装好的下模上放等高垫铁,再在凹模中放入 0.12 mm 的纸片,然后将凸模与固定板组合装入凹模; ②用螺钉将固定板组合、垫板、上模座连接在一起,但不要拧紧; ③将卸料板套装在已装入固定板的凸模上,装上卸料弹簧、等高螺丝及螺钉,并调节弹簧的预压量,使卸料板高出凸模下端约 1 mm; ④复查凸、凹模间隙并调整合适后,紧固螺钉; ⑤切纸检查,合适后打入销钉
5	试冲与调整	装机试冲并根据试冲结果做相应调整

【知识拓展 1】

拓展 1 - 1 落料模的概念

如图 1 - 12 所示,落料就是指将材料沿封闭轮廓分离的一种冲压工序,被分离出的材料成为工件或废料。而落料模就是指专用于完成这道工序的模具。

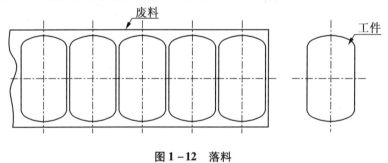

图 1 - 12 落料

拓展 1 - 2 落料模的常见结构

1. 无导向单工序落料模结构

图 1 - 13 所示为无导向单工序落料模结构。工作工件为凸模 2 和凹模 5,定位工件为两个导料板 4 和定位板 7,导料板 4 对条料送进起导向作用,定位板 7 用于限制条料的送进距离;卸料工件为两个固定卸料板 3;支承工件为上模座(带模柄)1 和下模座 6;此外还有紧固

螺钉等。上、下模之间没有直接导向关系。分离后的冲裁件靠凸模直接从凹模洞口依次推出。箍在凸模上的废料由固定卸料板刮下。

该模具具有一定的通用性,通过更换凸模和凹模,调整导料板、卸料板位置,可以冲裁不同的工件。另外,改变定位工件和卸料工件的结构,还可用于冲孔,即成为冲孔模。

无导向冲裁模的特点是结构简单,制造容易,成本低。但安装和调整凸、凹模之间的间隙较麻烦,冲裁出的工件质量差,模具寿命低,模具操作不够安全。因而,无导向简单冲裁模适用于冲裁精度要求不高、形状简单且批量小的冲裁件。

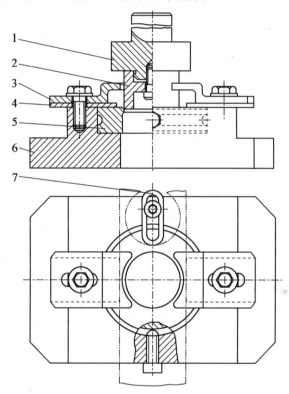

1—上模座;2—凸模;3—卸料板;4—导料板;5—凹模;6—下模座;7—定位板

图 1 – 13　无导向单工序落料模

2. 导板式单工序落料模结构

图 1 – 14 所示为导板式简单落料模,其上、下模的导向是依靠导板 9 与凸模 5 的间隙配合(一般为 H7/h6)进行的,故称导板模。

冲模的工作工件为凸模 5 和凹模 13;定位工件为导料板 10 和固定挡料销 16、始用挡料销 20;导向工件是导板 9(兼起固定卸料板作用);支承工件是凸模固定板 7、垫板 6、上模座 3、模柄 1、下模座 15;此外还有紧固螺钉、销钉等。根据排样的需要,这副冲模的固定挡料销所设置的位置对首次冲裁起不到定位作用,为此采用了始用挡料销 20。在首次冲裁之前,用手将始用挡料销压入以限定条料的位置,在以后的各次冲裁中,放开始用挡料销,始用挡料销被弹簧弹出,不再起挡料作用,而靠固定挡料销对条料定位。

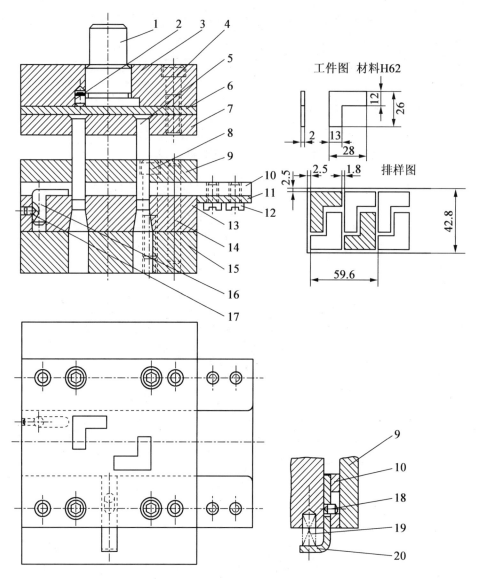

1—模柄;2—止动销;3—上模座;4,8—内六角螺钉;5—凸模;6—垫板;7—凸模固定板;9—导板;
10—导料板;11—承料板;12—螺钉;13—凹模;14—圆柱销;15—下模座;16—固定挡料销;
17—止动销;18—限位销;19—弹簧;20—始用挡料销

图1-14　导板式简单落料模

这副冲模的冲裁过程如下:当条料沿导料板10送到始用挡料销20时,凸模5由导板9导向而进入凹模,完成了首次冲裁,再冲下一个工件。条料继续送至固定挡料销16时,进行第二次冲裁,第二次冲裁时落下两个工件。此后,条料继续送进,其送进距离就由固定挡料销16控制,而且每一次冲压都是同时落下两个工件,分离后的工件靠凸模从凹模洞口中依次推出。

这种冲模的主要特征是凸、凹模的配合是依靠导板导向。为了保证导向精度和导板的使用寿命,工作过程中不允许凸模离开导板,为此,要求压力机行程较小。根据这个要求,选用行程较小且可调节的偏心式冲床较为合适。在结构上,为了便于拆装和调整间隙,固定导板的两排螺钉和销钉内缘之间距离(见俯视图)应大于上模相应的轮廓宽度。

导板模比无导向简单模的精度高,寿命长,使用时安装较为容易,卸料可靠,操作较安全,轮廓尺寸也不大。导板模一般用于冲裁形状比较简单、尺寸不大、厚度大于0.3 mm的冲裁件。

3. 导柱式单工序落料模结构

图1-15所示为导柱式落料模。这种冲模利用导套13和导柱14的导向来保证上、下模位置正确。凸、凹模在进行冲裁之前,导柱14已经进入导套13,从而保证了在冲裁过程中凸模12和凹模16之间间隙的均匀性。

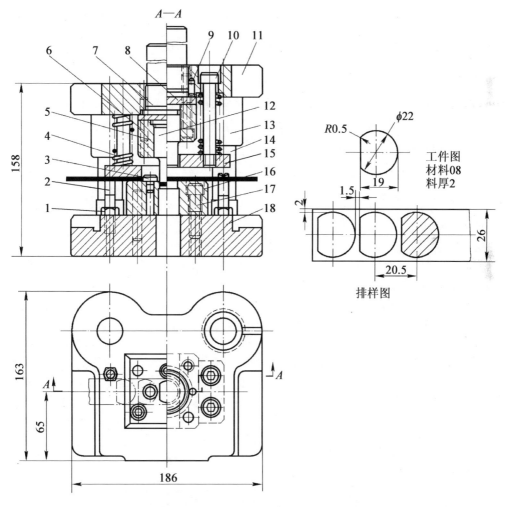

1—螺帽;2—导料螺栓;3—挡料销;4—弹簧;5—凸模固定板;6—销钉;7—模柄;8—垫板;9—止动销;
10—卸料螺钉;11—上模座;12—凸模;13—导套;14—导柱;15—卸料板;16—凹模;17—内六角螺钉;18—下模座

图1-15　导柱式落料模

上、下模座和导套、导柱装配组成的部件为模架。凹模16用内六角螺钉17和销钉6与下模座18紧固并定位。凸模12用凸模固定板5、内六角螺钉17、销钉6与上模座11紧固并定位,凸模12背面垫上垫板8。压入式模柄7装入上模座11并以止动销9防止其转动。

条料沿导料螺栓2送至挡料销3定位后进行落料。箍在凸模12上的边料靠弹压卸料装置进行卸料,弹压卸料装置由卸料板15、卸料螺钉10和弹簧4组成。在凸、凹模进行冲裁工作之前,由于弹簧力的作用,卸料板15先压住条料,上模继续下压时进行冲裁分离,此时弹簧被压缩(如图1-15左半边所示)。上模回程时,弹簧恢复推动卸料板15把箍在凸模12上的边料卸下。

导柱式冲裁模的导向比导板模的可靠,精度高,寿命长,使用安装方便,但轮廓尺寸较大,模具较重,制造工艺复杂,成本较高,广泛用于批量大、精度要求高的冲裁件。

拓展1-3　排样

1.排样的定义

冲裁件在条料、带料或板料上的布置方法称为排样。

目前,在我国冲压生产中,冲裁件的坯料形状多数是条料或带料,而条料又多数是由大张板料裁剪而成的。合理的排样对提高材料的利用率,降低材料的消耗,提高冲裁件的精度和冲压模具的寿命有着极大的影响。

2.排样工作的内容及材料的利用率

(1)排样工作的内容。

①选择恰当的排样方式,解决工件在条料上的合理布置,并确定条料的宽度与长度。

②根据条料的尺寸,决定在一定规格的板料上的裁板方法。

③确定冲裁后废料的综合利用方法。

(2)材料的利用率。

在冲裁工作中,材料的利用率主要取决于排样工作的合理性。通常用冲裁件的实际面积与所用板料面积的百分比作为衡量排样的经济性与合理性的标准,称为材料的利用率。可用下面公式表示:

$$K = \frac{na}{A} \times 100\%$$

式中　K——材料利用率;

　　　n——每一条料生产的工件数;

　　　a——每个工件的面积,mm^2;

　　　A——每一条料的面积,mm^2。

由以上公式可知,K值越大,废料越少,材料的利用率就越高。

3.废料的种类

如图1-16所示,冲裁的废料分为两种:一种是由于工件加工各种内孔而产生的废料,称为设计废料,它决定于工件的形状;另一种是由于工件之间,工件与条料边缘之间有搭边存在,以及不可避免的料头、料尾而产生的废料,统称为工艺废料,它的多少主要取决于冲压工艺方法和排样方式。

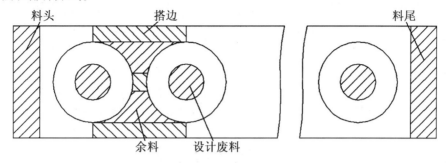

图 1-16 废料的种类

4. 提高材料利用的途径

（1）要提高材料的利用率，就要千方百计地减少工艺废料。因为设计废料的产生是不可避免的，而工艺废料则直接与排样有关，合理排样可以减少工艺废料。下面分析几种不同排样方式的材料利用率。

在冲制圆形工件时，若采用图 1-17（a）所示的单排排样方式，则材料利用率为 71%；若采用图 1-17（b）所示的双排平行排样方式，则材料的利用率为 72%；若采用图 1-17（d）所示的双排交叉排样方式，则材料利用率为 77%；若采用三排交叉排样方式，如图 1-17（c）所示，则材料利用率为 80.1%。可见，虽然是同一个工件，由于采用了不同的排样方式，节料效果大不一样。

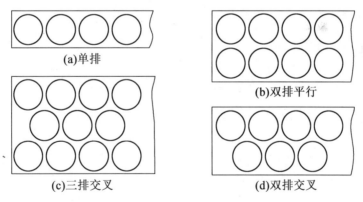

(a)单排

(b)双排平行

(c)三排交叉

(d)双排交叉

图 1-17 冲制圆形工件的排样方式

（2）在不影响工件使用要求的前提下，改变工件的结构形状也可得到良好的节料效果。当采用图 1-18（a）所示的排样方式时，材料的利用率为 50%；采用斜排［图 1-18（b）］和双头排［图 1-18（c）］的排样方式时，材料的利用率为 70%；但冲裁时材料需要调头，较为麻烦。若将工件的形状修改成图 B 所示的形状，采用图 1-18（d）所示的直排排样方式，则材料的利用率可提高到 80%，而且不再需要调头冲裁，操作简单。

综上所述，节省材料的途径不仅要解决工件在条料上的合理布置问题，必要时可以与产品设计部门联系，提出修改工件形状及结构的方案和意见。

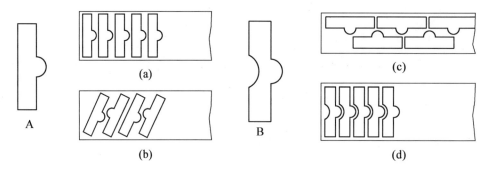

图1-18　冲制其他形状工件的排样方式

5. 排样方式

冲裁件的排样方式主要有三种。

（1）有废料排样方式。

排样时工件与工件之间,工件与条料边缘之间都有搭边存在。如图1-19(a)所示,冲裁时刃口沿工件的封闭外形轮廓冲裁。

（2）少废料排样方式。

排样时工件与工件之间有搭边,而工件与条料边缘之间没有搭边存在。如图1-19(b)所示,冲裁时刃口只沿工件的部分轮廓冲裁。

（3）无废料排样方式。

排样时工件与工件之间,工件与条料边缘之间均无搭边存在。如图1-19(c)所示,冲裁时冲模刃口沿条料顺次冲下,直接获得工件。

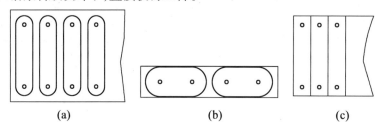

图1-19　无废料排样方式

工件排样方式的确定:

无论是有废料、少废料或无废料的排样方法,工件在条料上的排样形式均分为下列几种类型(表1-8):直排、斜排、对排、混合排、多行排等。

表 1-8   排样形式分类表

排样形式	有废料排样	少废料及无废料排样
直排		
斜排		
对排		
混合排		
多行排		
冲裁搭边		

必须指出,采用无废料或少废料排样方法,其材料利用率比有废料排样方法高得多,但必须在工件具备一定的形状特征时才可以采用。同时用无废料或少废料排样冲裁的工件质量较差,冲模使用寿命较短。

由于工件的形状千变万化,想得出一个万能的、理想的排样方法是不现实的,现在工厂在确定不规则形状工件的排样方式时,多采用试排法,即用硬纸板或塑料薄板剪成3~5个冲裁工件的轮廓样板,在条料上按各种方式进行排列布置,从中选出最佳方案,作为这种工件的排样方式,常见形状的工件排料可按表1-9选取。

表1-9　工件形状与经济排样方式

	I	II	III	IV	V	VI	VII	VII	VIII
	方形	梯形	三角形	圆形及多边形	半圆及出字形	椭圆及盘形	十字形	丁字形	角尺形
直排	▢▢								
单行直排		梯梯	△▽△						
多行直排				○○○/○○○					
斜排						○○	✚✚		≪≪
对头直排					⊐⊏⊐			TⱮT	⌐⌐
对头斜排								TⱮT	

为了更有效地提高材料的利用率,必须十分重视边角余料的再利用问题,特别是冲裁大型工件时,从大张的板料裁成条料就得开始统筹安排,合理计算,实现每一块余料的综合利用。

6. 搭边

排样时,工件与工件之间,工件与条料边缘之间留下的余料称为搭边。搭边虽然在冲裁过后成为废料,但在工艺上却有很大作用。冲裁时,搭边可以补偿定位误差,保证冲裁精度;搭边还可以使冲裁后的条料具有一定的刚度,便于条料送进。搭边值要合理确定,搭边过大,使材料利用率低,卸料力增加;搭边过小,在冲裁过程中可能被拉断,使工件毛刺增大,情况严重时还会被拉入凸凹模间隙中损坏冲模刃口。

搭边值的大小与下列因素有关。

①材料机械性能的影响。硬材料的搭边值可以取小些,软材料、脆性材料的搭边值要取

大些。

②工件形状与大小的影响。工件尺寸大或是有尖突的复杂形状时,搭边值可取大些。

③材料厚度的影响。板料较厚时,搭边值应取大值。

④送进方式及挡料方式的影响。用手工送料有侧压装置的,搭边值可以取小些,自动送料搭边值应取大些。

总之,合理搭边值的选择应在保证工件质量的前提下,越小越省料,表 1 - 1 为由经验确定的最小搭边数值,供设计时参考。

7. 条料宽度的确定

在排样方式和搭边值确定之后就可以确定条料的宽度,条料宽度与排样方式有关,其计算公式如下:

圆形平行排样时,

$$B = [(n-1)(D+b) + D + 2a] - \Delta$$

圆形交叉排样时,

$$B = [(n-1)(D+b)\sqrt{3/2} + D + 2a] - \Delta$$

条料宽度偏差:

$$\Delta = (D + 2a) - B$$

式中　B——条料宽度尺寸,mm;

　　　n——工件排数;

　　　D——工件在条料宽度方向尺寸,mm;

　　　b——工件间最小搭边值,mm;

　　　a——工件与条料边缘间的搭边值,mm;

　　　Δ——条料宽度偏差,数值见表 1 - 10。

表 1 - 10　条料宽度偏差 Δ　　　　　　　　　　mm

条料宽度 B/mm	材料厚度 t/mm			
	0 ~ 1	1 ~ 2	2 ~ 3	3 ~ 5
0 ~ 50	- 0.4	- 0.5	- 0.7	- 0.9
50 ~ 10	- 0.5	- 0.6	- 0.8	- 1.0
100 ~ 150	- 0.6	- 0.7	- 0.9	- 1.1
150 ~ 220	- 0.7	- 0.8	- 1.0	- 1.2
220 ~ 300	- 0.8	- 0.9	- 1.1	- 1.3

8. 裁板方法

冲裁时所用的条料,一般都是由一定规格的大张板料裁剪而成的。在条料宽度确定之后,就考虑怎样在板料上剪裁条料的问题。

裁板方法一般有两种:

①纵裁法,即沿着板料长度方向(碾压方向)剪裁,如图 1-20(a)所示。

②横裁法,即沿着板料宽度方向(垂直碾压方向)剪裁,如图 1-20(b)所示。

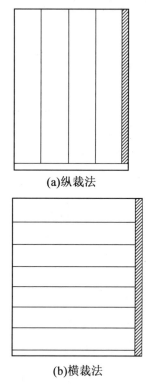

(a)纵裁法

(b)横裁法

图 1-20 裁板方法

在考虑采用哪一种裁板方法时,首先要根据大张板料的规格及条料宽度尺寸来排样,尽可能减小料头,提高材料的利用率,同时应考虑生产效率。如果剪床宽度允许的话,采用纵裁法比采用横裁法效率更高。在裁弯曲工件用的条料时,除了要注意节料外,还要特别注意条料的金属纤维的碾压方向,最好让金属纤维碾压方向与弯曲工件的弯曲线相垂直,使其具有良好的弯曲性能,减少工件在弯曲部位的开裂情况。

拓展 1-4 常用金属材料牌号及材料的剪切强度

常用金属材料牌号见表 1-11,材料的剪切强度特性见表 1-12。

表 1 – 11 常用金属材料牌号

材料	牌号	材料	牌号	材料	牌号	材料	牌号
普通碳素钢	A1 A2 A3 A4 A5 B1 B2 B3 B4 B5	碳素工具钢	T7 T7A T8 T8A T10 T12 T12A	电工硅钢	D11 D12 D21 D31 D32	铸钢	ZG35 ZG45
						铸铁	HT20~40 HT25~47
		合金结构钢	20Cr 40Cr 40Mn2 45Mn2 38CrMoAl	不锈钢	1Cr13 2Cr13 3Cr13 4Cr13 1Cr18Ni9Ti	铝及铝合金	L2 L3 L5 LY16 LF21
				易切削钢	Y12 Y20	镁锰合金	MB1 MB8
优质碳素钢	08 10 15 20 35 45 50 09Mn 10Mn2	合金工具钢	CrWMn 9SiCr CrMn Cr Cr12 Cr12MoV 9Mn2V Cr6WV 3Cr2W8V 8Cr3	高速钢	W18Cr4V W6Mo5Cr4V2	紫铜	T1 T2 T3
				弹簧钢	65Mn	黄铜	H62 H68
				轴承钢	GCr15 GCr9	锡铜青铜	QSn4.4–2.5 QSn6.5–0.4
				硬质合金	YG3 YG6 YG8 YT5 YT15	铝青铜	QA17
						铍青铜	QBe2
						钛及钛合金	TA2 TA3 TA6 TC1

表 1 – 12 材料的剪切强度特性

材料	剪切强度 K_S/(kg·mm^{-2})		材料	剪切强度 K_S/(kg·mm^{-2})	
	软质	硬质		软质	硬质
铅	2~3	—	钢板	45~50	55~60
锡	3~4	—	钢板(含 C0.1%)	25	32
铝	7~9	13~16	钢板(含 C0.2%)	32	40
杜拉铝	22	38	钢板(含 C0.3%)	36	48
锌	12	20	钢板(含 C0.4%)	45	56

续表 1 - 12

材料	剪切强度 $K_S/(kg \cdot mm^{-2})$		材料	剪切强度 $K_S/(kg \cdot mm^{-2})$	
	软质	硬质		软质	硬质
铜	18 ~ 22	25 ~ 30	钢板(含 C0.6%)	56	72
黄铜	22 ~ 30	35 ~ 40	钢板(含 C0.8%)	72	90
轧延青铜	32 ~ 40	40 ~ 60	钢板(含 C1.0%)	80	105
白铜	28 ~ 36	45 ~ 56	硅钢板	45	56
软钢板	32	40	不锈钢板	52	56
深抽拉用铁板	30 ~ 35	—	镍板	25	—

项目 2　胸牌冲孔模具设计与制造

2.1　设计任务

工件名称:胸牌

材料:H62 黄铜

材料厚度:0.5 mm

生产量:10 万件

技术要求:

1. 未注公差按 ST7 级处理;

2. 平面不允许翘曲;

3. 未标注圆角按 $R0.3$。

2.2　胸牌冲孔模具设计

2.2.1　工件的工艺性分析

1. 结构工艺性

由图 2 - 1 可以看出,该工件结构简单,形状对称,无悬臂,孔的直径为 $\phi1.5$ mm,为 3 倍的料厚,可以直接冲出,因此比较适合冲裁。

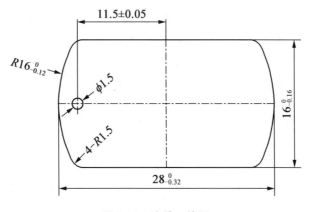

图 2 - 1　胸牌工件图

2. 精度

该工件的尺寸精度为 ST7,因此可以通过普通冲裁的方式保证工件的精度要求。

3. 材料特性

H62 黄铜塑性、韧性很好,抗拉强度 $\sigma_b \geqslant 335$ MPa,屈服强度 $\sigma_s \geqslant 205$ MPa,适合冲裁加工。

综上所述,该工件具有良好的冲裁工艺性,适合冲裁加工。

2.2.2　工艺方案确定

工件外形已经通过第 1 章中的落料模处理完成,只需要冲孔一道工序。通过以上对该工件的结构工艺性、精度及材料特性的分析,该工件采用冲孔单工序就可完成冲压加工。

2.2.3　模具总体设计

1. 模具类型的确定

由冲压工艺分析可知,该工件采用单工序模冲压,所以本套模具类型为单工序冲孔模。

2. 模具工件结构形式的确定

(1)送料。

采用手工送料,因为该模具为第二工程,前面已经通过落料得到半成品,所以需要手动将半成品放到固定的位置。

(2)定位方法。

如图 2-2 所示,本套模具上采用了三支销钉与定位槽定位,销钉主要限制工件的移动自由度,定位槽起限制工件的移动与旋转自由度的作用。

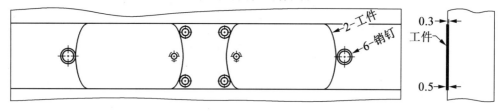

图 2-2　工件定位

(3)卸料装置。

图 2-3 所示为手工卸料,避空位周边做圆角处理,方便用手指或其他夹具去取件。

(4)模架的选用。

由于冲孔的结构简单,大批量生产都使用导向装置。导向装备主要有滑动式导柱导套结构和滚动式导柱导套结构。该工件承受侧压力不大,为了加工装配方便,易于标准化,决定使用滑动式导柱导套结构。由于该工件受力不大,精度要求也不高,同时为了节约生产成本,简化模具结构,降低模具制造难度,方便安装调整,故采用四角导柱导套式模架。如图 2-4 所示。

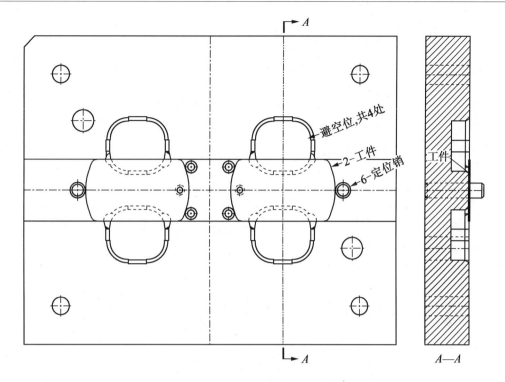

图2-3　卸料方式

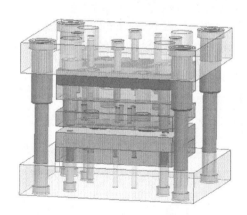

图2-4　模架结构

2.2.4　工艺计算

冲裁力计算。

由于单工序冲裁,则落料力$F_{落料}$就是总的冲裁力。

$$F = KLt\tau_{\mathrm{b}} = 1.7 \times 9.5 \times 0.5 \times 30 \approx 242.25(\mathrm{N})$$

式中　F——冲裁力;

K——系数;

L——冲裁周边长度;

t——材料厚度;

τ_b——材料抗剪强度。

系数 K 是考虑实际生产中,模具间隙值的波动和不均匀、刃口的磨损、板料的力学性能和厚度波动等因素的影响而给出的修正系数。当不包含脱料力时,取 $K = 1.3$,反之,则取 $K = 1.7$。

2.2.5　模具工件详细设计

工作工件设计

如图 2 - 5 所示,工作工件包括冲孔凸模和凹模。工件外形为圆孔,凸模采用标准圆棒制造。模具采用配合加工法制造,即冲孔时以凸模为基准,只需计算凸模尺寸和公差。

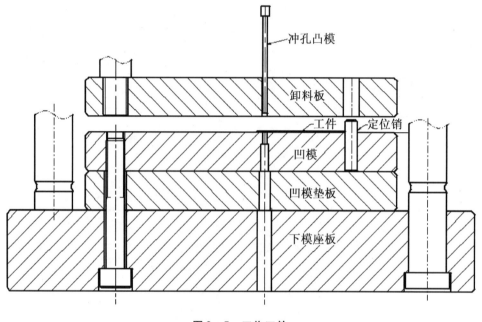

图 2 - 5　工作工件

(1)模具间隙。

根据第 1 章中所讲的模具间隙取值方式,其取值的分析步骤如下。

冲孔时,以冲子尺寸为基准,而本工件中,冲孔直径为 $\phi1.5$ mm,没有公差要求,所以冲子基准尺寸取 $\phi1.5$ mm,再根据间隙大小取值原则,0.5 mm 的黄铜单边间隙取值为 0.025 mm(黄铜的间隙大小取料厚的 5%),因此,凹模的尺寸要比冲子的尺寸大 0.05 mm,所以下模刃口的尺寸取 $\phi1.55$ mm。

(2)落料凹模设计。

如图 2 - 6 所示,落料凹模采用整体式结构,外形为矩形。首先由经验公式计算出凹模外形的参考尺寸,再查阅标准得到凹模外形的标准尺寸,落料凹模材料选用 Cr12,热处理 HRC60 ~ 64。

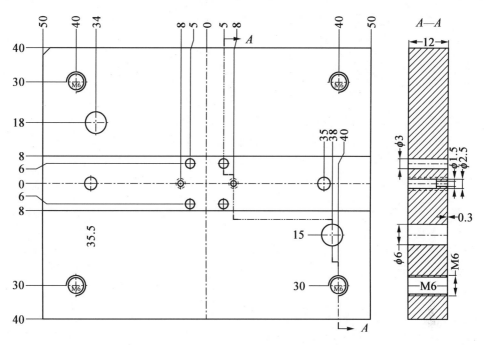

图 2 - 6 落料凹模

表 2 - 1 落料凹模外形设计

外形尺寸符号	凹模简图	外形尺寸计算值（根据经验）	外形尺寸标准值 $L \times B \times H$ /(mm × mm × mm)
厚度 H /mm		12	
壁厚 C /mm		30	
长度 L /mm		100	$100 \times 80 \times 12$
宽度 B /mm		80	

（3）冲孔。

冲孔凸模为圆柱体，材料选用 Cr12，热处理 HRC58 ~ 62，如图 2 - 7 所示。

图 2 - 7 冲针

其他板类工件设计,导柱、导套的选用及螺钉、销钉的选用内容同 1.2.5 节相同,此处不再赘述。

2.2.6　选择及校核

1. 设备选择

根据第 1 章讲冲裁力的计算可得本套模具所需要的冲裁力为

$$F_{总} = 1.7P_1 = 1.7Tl\delta = 1.7 \times 0.5 \times 9.42 \times 300 = 2\,402.1(\text{N}) = 2.402(\text{kN})$$

式中　T——板厚,mm;

　　　δ——剪断抗力,kg/mm^2;

　　　I——轮廓线长,mm。

故本套模具可选择 JB 23 - 10 压力机或台式冲床,JB 23 - 10 压力机主要参数如下。

公称压力:100 kN;

最大闭合高度:150 mm;

闭合高度调节量:40 mm;

工作台尺寸:240 mm × 360 mm;

工作台落料孔尺寸:100 mm × 180 mm;

模柄孔尺寸:ϕ30 mm。

2. 设备验收

主要验收平面尺寸和闭合高度。

模具采用四角导柱,下模座平面的最大外形尺寸为 150 mm × 130 mm,长度方向单边小于压力机工作台面尺寸 360 mm,下模座的平面尺寸单边大于压力机工作台落料孔尺寸,因此满足模具安装要求。

模具的闭合高度为 25 mm + 12 mm + 12 mm + 12 mm + 12 mm + 12 mm + 25 mm = 110 mm,小于压力机的最大闭合高度,因此所选设备合适。

2.2.7　绘图

当上述各工件设计完成后,即可绘制模具总装配图,如图 2 - 8 所示。

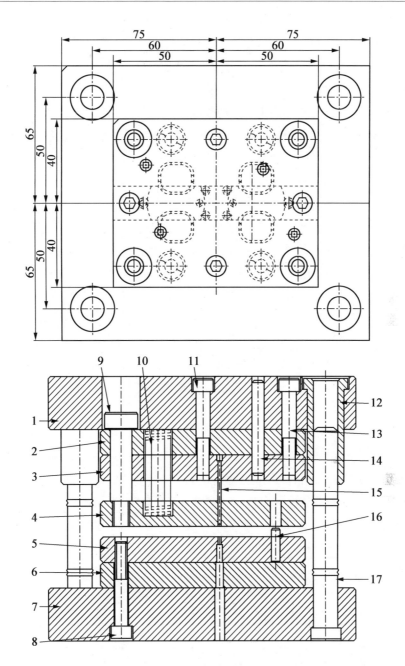

1—上模板;2—上垫板;3—上固定板;4—卸料板;5—凹模;6—下垫板;7—下模板;
8,11,13—内六角螺丝;9—等高螺丝;10—卸料弹簧;12—导套;14,16—销钉;15—冲孔凸模;17—导柱

图 2 - 8　冲孔模具总装配图

2.3 胸牌冲孔模具制造

本副冲孔模中,只有冲孔一道工序。所以模具工件加工的关键在工作工件、固定板以及卸料板,若采用线切割加工技术,这些工件的加工方式就变得相对简单。凸模采用标准冲针,故加工也十分简单,表2－2为凹模的加工步骤。

表2－2 凹模加工步骤

工序号	工序名称	工序内容	工序简图(示意图)
1	凹模备料	采购毛坯:100 mm × 80 mm × 12 mm	12 100 80
2	加工螺钉孔	按位置加工出螺钉孔,线切割穿丝孔,销钉孔(粗孔)	
3	热处理	按热处理工艺,淬火达到 HRC58 ~ 62	
4	线切割	按图线切割,轮廓达到尺寸要求	
5	加工销钉孔	采用电火花,按位置加工出落料避空孔	
6	钳工精修	全面达到设计要求	
7	检验		

下模板、固定板以及卸料板都属于板类工件,其加工工艺比较规范。大部分特征采用线切割加工,此处不再赘述。

2.4 模具的装配

根据冲孔模装配要点,选凹模作为装配基准件,先装下模,再装上模,并调整间隙、试冲、返修。模具装配工序见表 2 - 3。

表 2 - 3 模具装配工序

序号	工序	工艺说明
1	凸、凹模预配	①装配前,仔细检查各凸模形状及尺寸以及凹模型孔,是否符合图纸要求、尺寸精度及形状; ②将各凸模分别与相应的凹模孔相配,检查其间隙是否加工均匀,不合适者应重新修磨或更换
2	凸模装配	以凹模孔定位,将凸模压入凸模固定板的型孔中,并挤紧牢固
3	装配下模	以下固定板作为装配基准,装配下垫板与下模板,并用螺钉紧固,打入销钉
4	装配上模	①在已装好的下模上放等高垫铁,再在凹模中放入 0.12 mm 的纸片,然后将凸模与固定板组合装入凹模; ②用螺钉将固定板、垫板、上模座连接在一起,但不要拧紧; ③将卸料板套装在已装入固定板的凸模上,装上卸料弹簧、等高螺丝及螺钉,并调节弹簧的预压量,使卸料板高出凸模下端约 1 mm; ④复查凸、凹模间隙并调整合适后,紧固螺钉; ⑤切纸检查,合适后打入销钉
5	试冲与调整	装机试冲并根据试冲结果做相应调整

【知识拓展 2】

拓展 2 - 1 冲孔模的概念

如图 2 - 9 所示,冲孔是指将废料沿封闭轮廓从材料或工程料片上分离的一种冲压工序,在材料或工程料片上获得所需要的孔。冲孔模就是指专用于完成冲孔工序的模具。

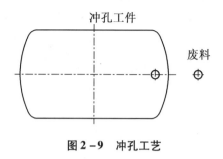

图 2 - 9　冲孔工艺

拓展 2 - 2　冲孔模的工作原理

冲孔模的工作过程根据冲床的运动时间顺序分为以下几个部分。

(1)冲床滑块带动上模,从开模状态时的最高点开始向下运动,此时上下模未有接触。

(2)当卸料板接触到下模的冲裁件时,卸料板停止运动,冲床滑块继续向下运动,上模脱料弹簧开始压缩,上打板受弹簧压力,压紧冲压件,经过一定的行程,装在上夹板上的冲子接触到冲裁件。

(3)冲床滑块继续向下运动,在接近下死点(闭模状态)时,冲子完全进入下模孔内,完成冲孔。

(4)冲孔废料从下模板到下垫板再到下模座漏料孔落下。

(5)在冲床经过下死点后,冲床滑块带动上模开始回升,此时,由于压力缓解,在上模脱料弹簧力的作用下,上打板把冲裁件从冲子上顶出,完成脱料,下模板的顶料销上顶,使冲裁件回位。

(6)冲床滑块带动上模继续上行,回到开模状态时的最高点,完成一次冲压过程。

拓展 2 - 3　冲孔模的典型结构

冲孔模的结构与一般落料模相似,但冲孔模的对象是已经落料或其他冲压加工后的半成品,所以冲孔模要解决半成品在模具上如何定位、如何使半成品放进模具以及冲好后取出既方便又安全等问题;而冲小孔模,必须考虑凸模的强度和刚度,以及快速更换凸模的结构;成型工件上侧壁孔冲压时,必须考虑凸模水平运动方向的转换机构等。

(1)导柱式冲孔模。

图 2 - 10 所示为导柱式冲孔模。冲裁件上的所有孔一次全部冲出,是多凸模的单工序冲裁模。

由于工件是经过拉深的空心件,而且孔边与侧壁距离较近,因此采用工件口部朝上,用定位圈 5 进行外形定位的方式,以保证凹模有足够强度。但增加了凸模长度,设计时必须注意凸模的强度和稳定性问题。如果孔边与侧壁距离大,则可采用工件口部朝下,利用凹模实行内形定位的方式。该模具采用弹性卸料装置,除卸料作用外,该装置还可保证冲孔工件的平整,提高工件的质量。

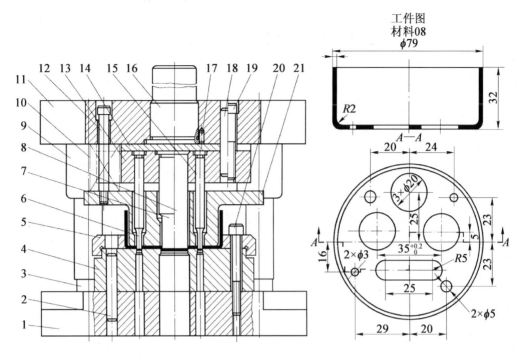

1—上模座;2,18—圆柱销;3—导柱;4—凹模;5—定位圈;6,7,8,15—凸模;9—导套;10—弹簧;11—下模座;
12—卸料螺钉;13—凸模固定板;14—垫板;16—模柄;17—止动销;19,20—内六角螺钉;21—卸料板

图 2-10　导柱式单工序落料模

(2)冲侧孔模。

图 2-11 所示为导板式侧面冲孔模。模具的最大特征是凹模 6 嵌入悬臂式的凹模体 7,凸模 5 靠导板 11 导向,以保证与凹模的正确配合。凹模体 7 固定在支架 8 上,并以销钉 12 固定防止转动。支架 8 与底座 9 以 H7/h6 配合,并以螺钉紧固。凸模 5 与上模座 3 用螺钉 4 紧定,更换较方便。

工件的定位方法是径向和轴向以悬臂凹模体 7 和支架 8 定位,孔距定位由定位销 2、摇臂 1 和压缩弹簧 13 组成的定位器来完成,保证冲出的 6 个孔沿圆周均匀分布。

冲压开始前,拨开定位器摇臂 1,将工件套在凹模体 7 上,然后放开摇臂 1,凸模 5 下冲,即冲出第一个孔。随后转动工件,使定位销 2 落入已冲好的第一个孔内,接着冲第二个孔。再用同样的方法冲出其他孔。

这种模具结构紧凑,质量轻,但在压力机一次行程内只冲一个孔,生产率低,如果孔较多,则孔距累积误差较大。因此,这种冲孔模主要用于生产批量不大、孔距要求不高的小型空心件的侧面冲孔或冲槽。

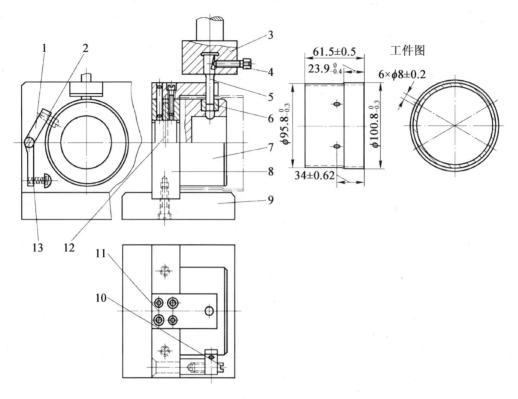

1—摇臂；2—定位销；3—上模座；4，10—螺钉；5—凸模；6—凹模；7—凹模体；
8—支架；9—底座；11—导板；12—销钉；13—压缩弹簧

图 2 – 11　导板式侧面冲孔模

　　图 2 – 12 所示为斜楔式水平冲孔模。该模具的最大特征是依靠斜楔 1 把压力机滑块 4 的垂直运动变为滑块 4 的水平运动，从而带动凸模 5 在水平方向上进行冲孔。凸模 5 与凹模 6 的对准要依靠滑块在导滑槽内滑动来保证。斜楔的工作角度 α 以 40°～50°为宜，一般取 40°；需要较大冲裁力时，α 也可以用 30°，以增大水平推力；如果为了获得较大的工作行程，α 可加大到 60°，为了排除冲孔废料，应该注意开设漏料孔并与下模座漏料孔相通。滑块的复位依靠橡胶来完成，也可以靠弹簧或斜楔本身的另一工作角度来完成。

　　工件以内形定位，为了保证冲孔位置的准确，弹簧板 3 在冲孔之前就要把工件压紧。该模具在压力机一次行程内只冲一个孔。类似这种模，如果安装多个斜楔滑块机构，则可以同时冲多个孔，孔的相对位置由模具精度来保证。斜楔式水平冲孔模生产率高，但模具结构较复杂，轮廓尺寸较大。这种冲孔模主要用于冲空心件或弯曲件等成型工件的侧孔、侧槽、侧切口等。

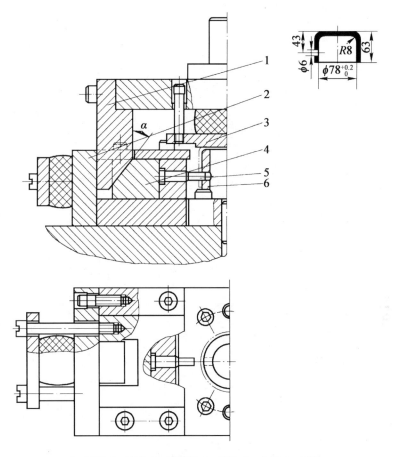

1—斜楔;2—座板;3—弹簧板;4—滑块;5—凸模;6—凹模

图 2 - 12　斜楔式水平冲孔模

（3）小孔冲模。

图 2 - 13 所示是一副全长导向结构的小孔冲模,其与一般冲孔模的区别是凸模 7 在工作行程中除了进入被冲材料内的工作部分外,其余部分都得到不间断的导向作用,因而大大地提高凸模的稳定性和强度。该模具的结构特点如下。

①导向精度高。这副模具的导柱 4 不但在上、下模座之间进行导向,而且对卸料板也导向;在冲压过程中,导柱 4 装在上模座 16 上,在工作行程中上模座 16、导柱 4、弹压卸料板 6 一同运动,严格地保持与上、下模座平行装配的卸料板中的凸模护套 9 精确地和凸模 7 滑配,当凸模 7 受侧向力时,卸料板通过凸模护套 9 承受侧向力,保护凸模不致发生弯曲;为了提高导向精度,排除压力机导轨的干扰,这副模具采用了浮动模柄的结构,但必须保证在冲压过程中,导柱 4 始终不脱离导套。

②凸模全长导向。该模具采用凸模全长导向结构;冲裁时,凸模 7 由凸模护套 9 全长导向,伸出护套后,即冲出一个孔。

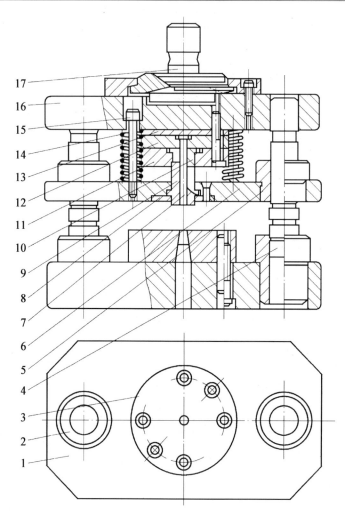

1—下模座;2,5—导套;3—凹模;4—导柱;6—弹压卸料板;7—凸模;8—托板;9—凸模护套;
10—扇形块;11—扇形块固定板;12—凸模固定板;13—垫板;14—弹簧;15—阶梯螺钉;16—上模座;17—模柄

图2－13　全长导向结构的小孔冲模

③在所冲孔周围先对材料加压。从图2－13可知,凸模护套9伸出卸料板,冲压时,卸料板不接触材料。由于凸模护套9与材料的接触面积上的压力很大,使其产生了立体的压应力,改善了材料的塑性条件,有利于塑性变形过程。因而,在冲制的孔径小于材料厚度时,仍能获得断面光洁孔。

图2－14所示为一副超短凸模的小孔冲模,这副模具冲制的工件如图2－14右上角所示。工件板厚4 mm,最小孔径约为ϕ0.5 mm。模具结构采用缩短凸模的方法来防止其在冲裁过程中产生弯曲变形而折断。采用这种结构制造比较容易,凸模使用寿命较长。这副模具采用冲击块5冲击凸模进行冲裁工作。小凸模由小压板7进行导向,而小压板7由两个小导柱6进行导向。当上模下行时,大压板8与小压板7先后压紧工件,小凸模2、3、4上端露出小压板7的上平面,上模压缩弹簧断续下行,冲击块5冲击小凸模2、3、4对工件进行冲孔,卸下工件由大压板8完成。厚料冲小孔模具的凹模孔口漏料必须通畅,防止废料堵塞,

损坏凸模。冲裁的工件在凹模上由定位板 9 与 1 定位,并由侧压块 10 使冲裁件紧贴定位面。

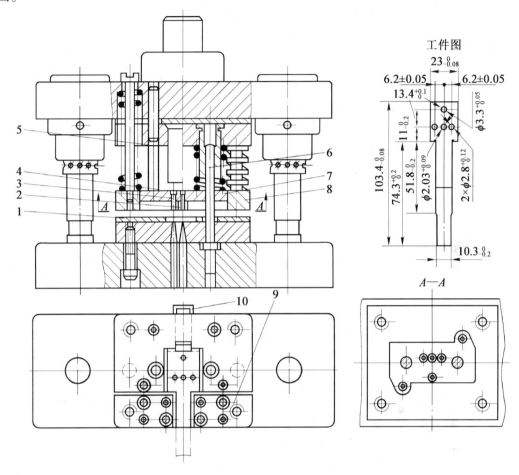

1,9—定位板;2,3,4—小凸模;5—冲击块;6—小导柱;7—小压板;8—大压板;10—侧压块

图 2-14 超短凸模的小孔冲模

拓展 2-4 冲孔模模板尺寸选择

(1)冲孔模工作部分向外偏 10~15 mm 圆整下模板。

(2)下模板外形尺寸向外偏 50 mm(有时候仅左右偏,视具体需要而定),得下模座板外形尺寸。

(3)上、下模板,上、下固定板等这些板块的外形尺寸大多数时候都一样。

(4)表 2-4 为冲孔模模块化尺寸规格,供大家参考。

表 2 - 4　模板尺寸规格　　　　　　　　　　　mm

	200	300	400	500	600
100*	100×200	100×300	—	—	—
200*	200×200	200×300	200×400	—	—
300*	—	300×300	300×400	300×500	300×600
400**	—	—	400×400	400×500	400×600

注: * 对此类模板,下模板取 20.0,下模座取 30.0;

　　** 对此类模板,下模板取 25.0,下模座取 40.0。

拓展 2 - 5　冲压工艺术语

(1)下死点。压力机滑块上下运动的下端终点。

(2)上死点。压力机滑块上下运动的上端终点。

(3)行程。压力机滑块上下运动两端终点间的距离。

(4)闭模高度。冲模在工作位置下死点时,上垫板(或上模座)上平面与下托板下平面的距离。

(5)送料装置。利用机械、气压或液压机构的夹紧、放松的往复动作,将原材料送入冲模的装置。

(6)出料装置。使已冲过的工(序)件从模具中取出的装置。

(7)冲裁件。材料经过一道或多道冲压工序后的统称,也是工序件和工件的统称。

(8)间隙。相互配合的凸模和凹模相应尺寸的差值或其间的空隙。

(9)中性层。指弯曲冲裁件中应变为 0 的一层材料。

(10)中性层系数。用以确定中性层位置的系数。

(11)毛刺。冲裁后冲裁件断面边缘锋利的凸起。

(12)毛刺面。边缘有毛刺的冲裁件平面。

(13)回弹。分为两种,一是成型冲裁件从模具内取出后尺寸与模具相应尺寸的差值,对于弯曲件,一般以角度差或尺寸差来表示;二是从模具中露出的冲裁件外形尺寸与凹模相应尺寸的差值,或内形尺寸与凸模相应尺寸的差值。

(14)寿命。冲模每修磨一次能冲压的次数或模具报废前能冲压的次数。前者称为刃磨寿命,后者称为总寿命。

(15)步距。可用于多次冲压的原材料每次送进的距离。

(16)条料。可用于多次冲压的条状原材料。

(17)卷料。可用于多次冲压的成卷原材料。

(18)试模。模具初装完成后进行的试验性冲压,以考核模具性能及冲裁件质量。

(19)拉痕。冲裁件在成型过程中,材料表面与模具工作表面的摩擦印痕。

(20)弯曲半径。冲裁件材料受压弯曲处的内半径。

(21)最小弯曲半径。能成功地进行弯曲的最小的弯曲半径。

（22）展开尺寸。与成型冲裁件尺寸相对应的平面工件尺寸。

（23）展开图。与成型冲裁件相对应的平面工件图形。

（24）跳料（屑）。冲模工作表面与材料黏合，被带起的现象。

（25）排样图。描述冲裁件在条（带，卷）料上逐步形成的过程，最终占有的位置和相邻冲裁件间关系的布局图。

（26）排样。完成排样图的冲模设计过程。

（27）搭边。排样图中相邻冲裁件轮廓间的最小距离，或冲裁件轮廓与条料边缘的最小距离。

（28）崩刃。凸模或凹模刃口小块剥落的现象。

（29）塌角。一方面指冲裁件外缘近凹模面或内缘近凸模面呈圆角的现象；另一方面指冲裁件断面呈塌角部分的高度。

（30）塌角面。边缘呈塌角的冲裁件平面，即毛刺面的对面。

拓展 2-6　冲裁件的工艺性

1. 冲裁件的形状和尺寸

（1）形状尽可能设计得简单、对称，使排样时废料最少。

（2）冲裁件的外形或内孔应避免尖角连接，除属于无废料冲裁或采用镶拼模结构外，宜有适当的圆角，其半径最小取值参见表 2-5。

表 2-5　冲裁件的半径最小取值

连接角度	$\alpha \geqslant 90°$	$\alpha < 90°$	$\alpha \geqslant 90°$	$\alpha < 90°$
简图	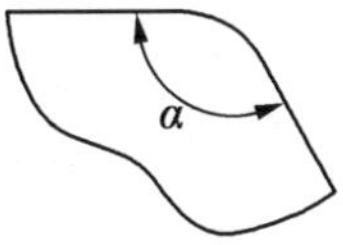	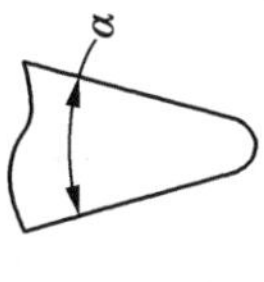	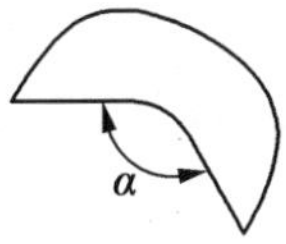	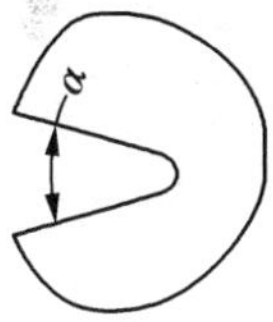
低碳钢	$0.30t$	$0.50t$	$0.35t$	$0.60t$
黄铜铝	$0.24t$	$0.35t$	$0.20t$	$0.45t$
高碳钢,合金钢	$0.45t$	$0.70t$	$0.50t$	$0.90t$

（3）冲裁件凸出臂和凹槽的宽度不宜过小，其合理取值见表 2-6。

表 2 - 6　凸出臂和凹槽的宽度取值

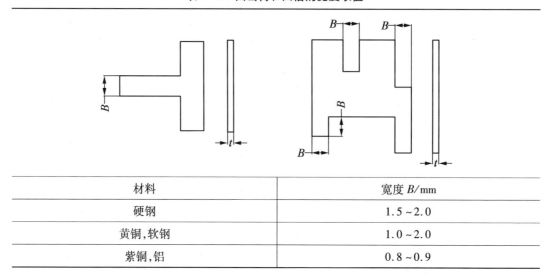

材料	宽度 B/mm
硬钢	1.5 ~ 2.0
黄铜,软钢	1.0 ~ 2.0
紫铜,铝	0.8 ~ 0.9

(4)冲孔时,孔径不宜过小,其最小孔径与孔的形状、材料的机械性能、材料的厚度等有关,见表 2 - 7 和表 2 - 8。

表 2 - 7　用自由凸模冲孔的最小尺寸

材料 (厚度为 t)	![圆形]	![方形]	![长圆形]	![矩形]
硬钢	$d \geqslant 1.3t$	$a \geqslant 1.2t$	$a \geqslant 0.9t$	$a \geqslant 1.0t$
软钢及黄铜	$d \geqslant 1.0t$	$a \geqslant 0.9t$	$a \geqslant 0.7t$	$a \geqslant 0.8t$
铝,锌	$d \geqslant 0.8t$	$a \geqslant 0.7t$	$a \geqslant 0.5t$	$a \geqslant 0.6t$

表 2 - 8　采用精密导向凸模冲孔的最小尺寸

材料	圆形孔 d	方形孔 a
硬钢	0.5t	0.4t
软钢及黄铜	0.35t	0.3t
铝,锌	0.3t	0.28t

(5)冲裁件的孔与孔之间,孔与边缘之间的距离不应过小,其取值如图 2 - 15 所示。

(6)在弯曲件或拉伸件上冲孔时,其孔壁与工件直壁之间应保持一定的距离,如图2 - 16所示。若距离太小,冲孔时会使凸模受水平的推力而折断。

(7)冲裁件精度和粗糙度。

①冲裁件的内外形经济精度不高于《公差与配合　总论　标准公差与基本偏差》(GB 1800—79)IT11 级。一般要求落料件精度最好低于 IT10 级,冲孔件最好低于 IT9 级。公差

值参见表 2 – 9,表 2 – 10,表 2 – 11。

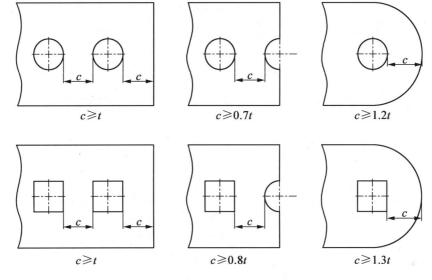

图 2 – 15　孔与边缘之间的距离取值

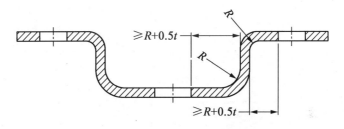

图 2 – 16　弯曲件上孔与壁的距离

表 2 – 9　冲裁件外形与内孔尺寸公差　　　　　　　　　　　　　mm

冲模形式	材料厚度					
	工件尺寸	0.2 ~ 0.5	0.5 ~ 1.0	1.0 ~ 2.0	2.0 ~ 4.0	4.0 ~ 6.0
普通冲裁模	< 10	0.08/0.05	0.12/0.08	0.18/0.10	0.24/0.012	0.30/0.15
	10 ~ 50	0.10/0.08	0.16/0.10	0.22/0.12	0.28/0.15	0.35/0.20
	50 ~ 150	0.14/0.12	0.22/0.12	0.30/0.16	0.40/0.20	0.50/0.25
	150 ~ 300	0.20	0.30	0.50	0.70	1.00
高级冲裁模	< 10	0.025/0.02	0.03/0.02	0.04/0.03	0.06/0.04	0.10/0.06
	10 ~ 50	0.03/0.03	0.04/0.04	0.06/0.06	0.08/0.08	0.12/0.10
	50 ~ 150	0.05/0.05	0.06/0.05	0.08/0.06	0.10/0.08	0.15/0.12
	150 ~ 300	0.08	0.10	0.12	0.15	0.20

注:1. 表中"/"前为外形公差值,后为内孔公差;

　　2. 一般冲裁为导向部分工件按 IT8 级精度制造;

　　3. 高级冲裁为导向部分工件按 IT7 级精度制造。

表 2 − 10　同时冲出两孔中心距公差　　　　　　　　　　　　　　mm

冲模形式	孔中心距尺寸	材料厚度			
		≤1	1 ~ 2	2 ~ 4	4 ~ 6
一般冲模	< 50	± 0.10	± 0.12	± 0.15	± 0.20
	50 ~ 150	± 0.15	± 0.20	± 0.25	± 0.30
	150 ~ 300	± 0.20	± 0.30	± 0.35	± 0.40
高级冲模	< 50	± 0.03	± 0.04	± 0.06	± 0.08
	50 ~ 150	± 0.05	± 0.06	± 0.08	± 0.10
	150 ~ 300	± 0.08	± 0.10	± 0.12	± 0.15

表 2 − 11　　冲裁件的自由角度公差　　　　　　　　　　　　　　mm

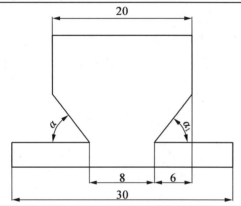

例如:冲制左图工件,
短边长度左边为 8,则查下表得 3 级精度,α
偏差 ± 2.5°;右边为 6,则查下表得 3 级精度,
α_1 偏差 ± 3°

精度等级	短边长度												
	1 ~ 3	3 ~ 6	6 ~ 10	10 ~ 18	18 ~ 30	30 ~ 50	50 ~ 80	80 ~ 120	120 ~ 180	180 ~ 260	260 ~ 360	360 ~ 500	> 500
2	2.5°	2°	1.5°	1°15′	1°	50′	40′	30′	25′	20′	15′	12′	10′
3	4°	3°	2°30′	2°	1°30′	1°15′	1°	50′	40′	30′	25′	20′	15′

注:1. 二级为较高精度,三级为一般精度;
　 2. 非金属冲裁件内外形的精度为 IT14 ~ IT15 级;
　 3. 冲裁件的粗糙度一般为 12.5 以上。

　　冲裁件的粗糙度和材料厚度的关系见表 2 − 12。

表 2 − 12　粗糙度和材料厚度关系

材料厚度 t/mm	≤1	1 ~ 2	2 ~ 3	3 ~ 4	4 ~ 5
粗糙度 Ra	3.2	6.3	12.5	25	50

项目 3　胸牌正装落料冲孔复合模具设计与制造

3.1　设计任务

工件名称:胸牌(图 3 - 1)

材料:H62 黄铜

材料厚度:0.5 mm

生产量:10 万件

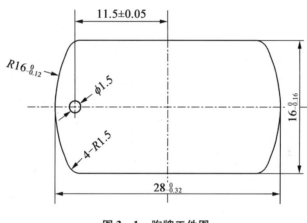

图 3 - 1　胸牌工件图

技术要求:

1.未注公差按 IT14 级处理;

2.平面不允许翘曲;

3.未注圆角按 *R*0.3。

3.2　胸牌正装落料冲孔复合模具设计

3.2.1　工件的工艺性分析

1.结构工艺性

如图 3 - 1 所示为胸牌冲孔、落料成品图,挂带在衣服或饰品上,内形有一个圆孔为装配时的定位孔。此工件形状简单,尺寸精度要求不高,外形及内孔要求在同一个毛刺方向,工件最大外形长为 28 mm,宽为 16 mm,内形由 1 个 $\phi1.5$ mm 的圆孔组成,该工件板料厚 $t=0.5$ mm,外形均以圆角过渡,工件设计合理,利于冲裁成形。

2. 精度

该工件的尺寸精度均不超过 ST4,因此可以通过普通冲裁方式保证工件的精度要求。

3. 原材料

H62 黄铜塑性、韧性很好,抗拉强度 $\sigma_b \geq 335$ MPa,屈服强度 $\sigma_s \geq 205$ MPa,适合冲裁加工。

综上所述,该工件具有良好的冲裁工艺性,适合冲裁加工。

3.2.2　工艺方案确定

经分析,该工件可采用如下三个方案来设计。

方案 1:采用多工位级进模设计,所需工位数多,模具制造成本高,维修困难。

方案 2:采用单工序模来设计,需两个工位来冲压,分别为工位 1 落料外形和工位 2 冲两个圆孔。

方案 3:采用冲孔、落料复合模,需一副模具即可。

对以上 3 个方案进行分析,方案 1 模具制造成本高,维修困难;方案 2 模具冲压成本高,工件定位误差大;方案 3 模具成本低,冲压出的工件一致性好。工件的年生产量小时,选择方案 3 复合模设计较为经济,可以降低模具的制造成本。

3.2.3　模具总体设计

1. 模具类型的确定

由冲压工艺分析可知,本套模具要在同一工位上同时完成落料与冲孔两个工序,综合模具的卸料与定位方式,决定采用正装复合模具结构,如图 3 - 2 所示。

2. 模具工件结构形式的确定

(1)送料及定位方式。

采用手工送料,因为该模具采用条料,控制条料的送进方向采用导料销;控制条料的送进步距采用挡料销,如图 3 - 3 所示。

(2)卸料装置卸料。

如图 3 - 4 所示,本套模具采用了 3 种工件卸料。卸料针用于冲孔处的废料卸料;卸料板主要防止料带粘在凸凹模上,故用于料带的卸料;卸料块用于工件的卸料,冲压时,料带在凸凹模的作用下剪断并使工件沉入落料凹模中,为了防止工件粘在冲针上,并且要方便从凹模上取出工件,故在此处设计了卸料块。

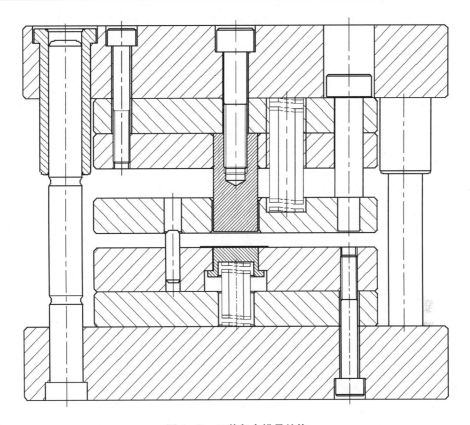

图 3-2 正装复合模具结构

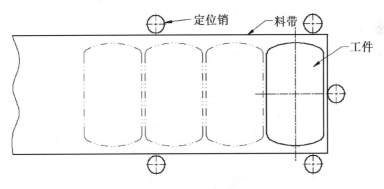

图 3-3 料带定位

(3)模架的选用。

由于工件的结构简单,大量生产都使用导向装置。导向装置主要有滑动式导柱导套结构和滚动式导柱导套结构。该工件承受侧压力不大,为了加工装配方便,易于标准化,决定使用滑动式导柱导套结构。由于该工件受力不大,精度要求也不高,同时为了节约生产成本,简化模具结构,降低模具制造难度,方便安装调整,采用四角导柱导套式模架,如图 3-5 所示。

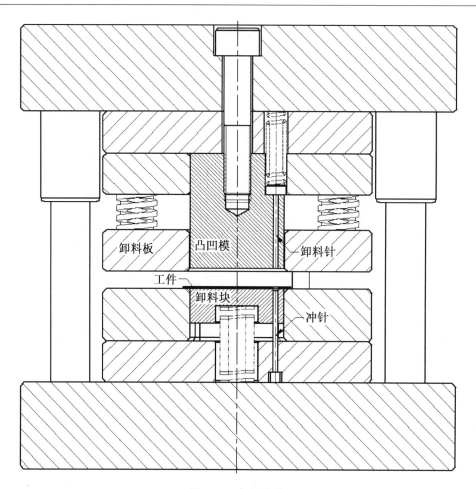

图 3 - 4　卸料方式

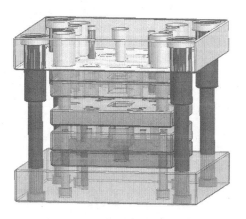

图 3 - 5　四角导柱导套式模架

3.2.4　工艺计算

1. 料带设计

料带的设计主要与排样有关,排样设计不仅会影响工件质量、生产率与生产成本,也会直接影响材料的利用率以及模具结构与寿命等。材料利用率是衡量排样经济性的一项重要指标,在不影响工件性能的前提下,应合理设计工件排样,提高材料利用率。通过对比观察分析,适宜采用废料单排排样类型进行排样。

查表 1 – 1 可得搭边 $a_1 = 1$ mm,侧搭边 $a = 2$ mm,则条料宽度 $B = 28$ mm $+ 2 \times 2$ mm $= 32$ mm,进距 $S = 16$ mm $+ 1$ mm $= 17$ mm。裁板误差 $\Delta = 0.5$ mm,于是得到如图 3 – 6 所示的排样图。

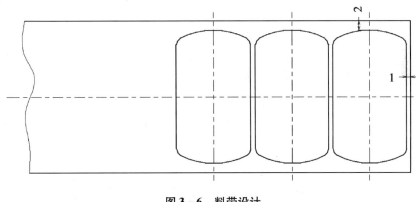

图 3 – 6　料带设计

选用料带规格为 850 mm × 1 700 mm,采用横裁法,则可裁得宽度为 32 mm 的条料 53 条,每条条料可冲出工件 50 个,由图可计算该工件面积为 $A = 425.24$ mm^2,则材料利用率为

$$\eta = \frac{NA}{LB} \times 100\% = \frac{53 \times 50 \times 425.24}{850 \times 1\ 700} \times 100\% = 77.98\%$$

2. 冲裁力计算

由于单工序冲裁,则落料力 $F_{落料}$ 就是总的冲裁力。

$$F = KLt\tau_b = 1.7 \times 84.94 \times 0.5 \times 300 \approx 21\ 659.7 (N)$$

式中　　F——冲裁力;

　　　　K——系数;

　　　　L——冲裁周边长度;

　　　　t——材料厚度;

　　　　τ_b——材料抗剪强度。

系数 K 是考虑到实际生产中,模具间隙值的波动和不均匀、刃口的磨损、板料的力学性能和厚度波动等因素的影响而给出的修正系数。当不包含脱料力时,取 $K = 1.3$,反之,则取 $K = 1.7$。

3.2.5 模具工件详细设计

1. 工作工件设计

（1）落料凹模设计。

如图 3 – 7 所示为落料凹模的工件图,其外形尺寸为 100 mm × 80 mm × 15 mm,因 H62 材质硬度不高,故落料凹模材料选用 Cr12,热处理 HRC60 ~ 64。

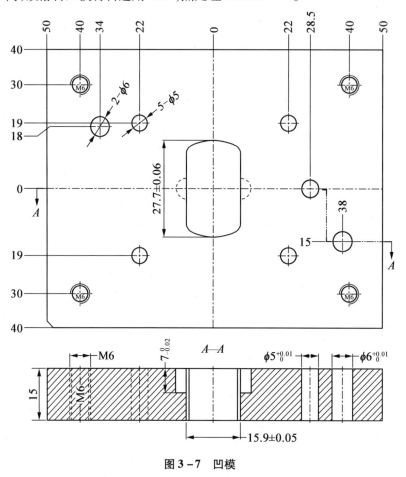

图 3 – 7   凹模

由于工件两端外形不规则,其模具采用配合加工法制造,即落料时以凹模为基准,只需计算凹模尺寸和公差。

①模具间隙由材料的含碳量和厚度决定,查附表 4 可得 $Z = 0.025$ mm。

②落料凹模按 IT7 级选取,尺寸 28、16 由《冲压件尺寸公差》(GB/T 13914—2013) 按 ST 7 精度查得偏差值。工作工件刃口尺寸计算见表 3 – 1。

表 3－1　工作工件刃口尺寸计算

工件尺寸/mm	磨损系数	模具制造公差/mm	落料凹模模刃口尺寸/mm
$28_{-0.32}^{0}$	0.75	± 0.06	$(28 - 0.75 \times 0.4) \pm 0.06 = 27.7 \pm 0.06$
$16_{-0.16}^{0}$	1	± 0.05	$(16 - 1 \times 0.1) \pm 0.05 = 15.9 \pm 0.05$

　　③落料凹模采用整体式结构,外形为矩形,首先由经验公式计算出凹模外形的参考尺寸,再查阅标准得到凹模外形的标准尺寸,见表 3 － 2。落料凹模材料选用 Cr12,热处理 HRC60～64。

表 3－2　凹模外形设计

外形尺寸符号	凹模简图	外形尺寸计算值（根据经验）	外形尺寸标准值 $L \times B \times H$ /(mm×mm×mm)
厚度 H /mm		12	
壁厚 C /mm		30	
长度 L /mm		100	$100 \times 80 \times 12$
宽度 B /mm		80	

　　(2)凸凹模设计。

　　如图 3 － 8 所示为凸凹模的工件图,其外形尺寸为 27.7 mm × 15.9 mm × 33 mm,因 H62 材质硬度不高,故落料凹模材料选用 Cr12,热处理 HRC60～64。

　　(3)冲孔凸模设计。

　　冲孔凸模为圆柱体,材料选用 Cr12,热处理 HRC58～62,如图 3 － 9 所示。

2. 卸料结构工件设计

　　(1)卸料块设计。

　　图 3 － 10 所示为卸料块的工件图,其外形尺寸为 19.8 mm × 28 mm × 10.1 mm,因工件只起卸料作用,故卸料块的材料选用 45#钢,表面氮化处理即可。

　　(2)卸料针设计。

　　卸料针为标准冲针,材料选用 SKD61,热处理 HRC58～62,如图 3 － 11 所示。

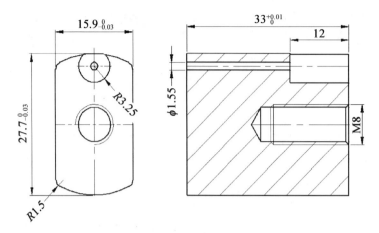

图 3 - 8　凸凹模

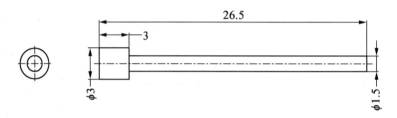

图 3 - 9　冲针

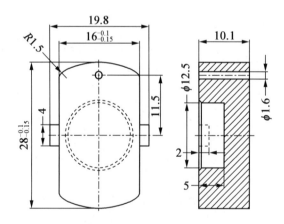

图 3 - 10　卸料块

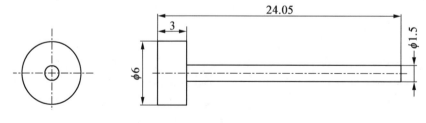

图 3 - 11　卸料针

3. 其他板类工件的设计

当凹模的外形尺寸确定后,即可根据凹模外形尺寸查阅有关标准或资料得到模座、固定板、垫板、卸料板的外形尺寸。

由《冲模滑动导向模架》(GB/T 2851—2008)查得滑动导向模架四角导柱 130 mm × 150 mm × (100 ~ 150) mm。为了绘图方便,还需要查出上、下模座的规格尺寸:

由《冲模滑动导向模座　第 2 部分:下模座》(GB/T 2855.2—2008)查得滑动导向下模座四角导柱 130 mm × 150 mm × 25 mm。

由《冲模滑动导向模座　第 1 部分:上模座》(GB/T 2855.1—2008)查得滑动导向上模座四角导柱 130 mm × 150 mm × 25 mm。

由《冲模模板　第 2 部分:矩形固定板》(JB/T 7643.2—2008)查得矩形固定板 80 mm × 100 mm × 12 mm(上固定板)。

由《冲模模板　第 3 部分:矩形垫板》(JB/T 7643.3—2008)查得矩形垫板 80 mm × 100 mm × 12 mm(上垫板)。

查表 1 - 3 得卸料板的厚度为 12 mm,则卸料板的尺寸为 80 mm × 100 mm × 12 mm。

4. 导柱、导套的选用

由《冲模导向装置　第 1 部分:滑动导向导柱》(GB/T 2861.1—2008)和《冲模导向装置　第 3 部分:滑动导向导套》(GB/T 2861.3—2008)查得滑动导向导柱 A 12 mm × 100 mm GB/T 2861.1—2008;滑动导向导套 A 12 mm × 50 mm × 18 mm GB/T 2861.3—2008。

5. 螺钉、销钉的选用

全套模具选用 M6 内六角圆柱头螺钉;销钉选直径为 $\phi 6$ mm 的圆柱形销钉。

3.2.6　选择及校核

(1)冲裁力的计算及设备选择。

根据第 1 章讲冲裁力的计算可得本套模具所需要的冲裁力为

$$F_{总} = 1.7P_1 = 1.7TI\delta = 1.7 \times 0.5 \times 84.94 \times 300 = 21\ 659.7(\text{N}) = 21.659\ 7(\text{kN})$$

式中　　T——板厚,mm;

　　　　δ——剪断抗力,kg/mm^2;

　　　　I——轮廓线长,mm。

故本套模具可选择 JB 23 - 10 压力机或台式冲床,JB 23 - 10 压力机主要参数如下。

公称压力:100 kN;

最大闭合高度:150 mm;

闭合高度调节量:40 mm;

工作台尺寸:240 mm × 360 mm;

工作台落料孔尺寸:100 mm × 180 mm;

模柄孔尺寸:ϕ30 mm。

（2）设备验收。

主要验收平面尺寸和闭合高度。

模具采用四角导柱，下模座平面的最大外形尺寸为 150 mm×130 mm，长度方向单边小于压力机工作台尺寸 360 mm，下模座的平面尺寸单边大于压力机工作台落料孔尺寸，因此满足模具安装要求。

模具的闭合高度为 25 mm + 12 mm + 12 mm + 12 mm + 12 mm + 12 mm + 25 mm = 110 mm，小于压力机的最大闭合高度，因此所选设备合适。

3.2.7　绘图

当上述各工件设计完成后，即可绘制模具总装配图，如图 3－12 所示。

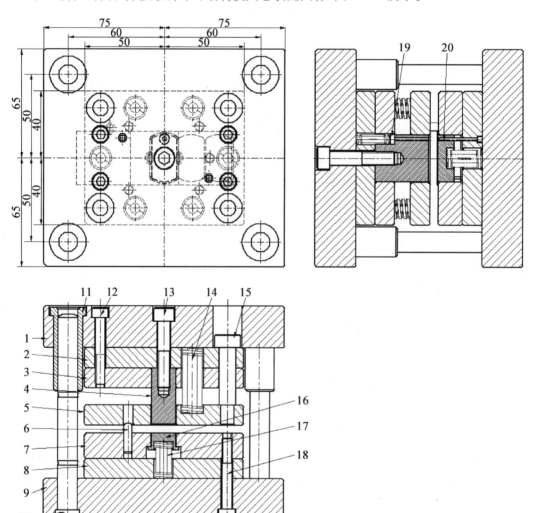

1—上模板；2—上垫板；3—上固定板；4—凸凹模；5—卸料板；6—定位销；7—凹模；8—下垫板；9—下模板；10—导柱；
11—导套；12,13,18—内六角螺丝；14—卸料弹簧；15—等高螺丝；16—卸料块；17—卸料弹簧；19—卸料针；20—冲针

图 3－12　复合模总装配图

3.3　胸牌正装落料冲孔复合模具制造

本套正装复合模中,有冲孔与落料两道工序,所以模具工件加工的关键在凸凹模、凹模、卸料块上,冲针与卸料针采用标准冲针制造,其他模板采用铣削及线切割加工,因此加工相对简单。表 3 - 3、表 3 - 4、表 3 - 5 为凸凹模、凹模及卸料块的加工步骤。

表 3 - 3　凸凹模加工步骤

工序号	工序名称	工序内容	工序简图(示意图)
1	凸凹模备料	采购毛坯:22 mm×33 mm×43 mm 说明:a 常取 1 ~ 3 mm,用于线切割;b 常取 10 ~ 15 mm,用于线割装夹	
2	加工螺钉孔	按位置加工出螺钉孔及冲孔凹模刃口的穿丝孔	
3	热处理	按热处理工艺,淬火达到 HRC58 ~ 62	
4	线切割	按图线切割,先割冲孔凹模,再割外形轮廓达到尺寸要求	
5	钳工精修	全面达到设计要求	
6	检验		

表3-4　凹模加工步骤

工序号	工序名称	工序内容	工序简图(示意图)
1	凹模备料	采购毛坯:100 mm×80 mm×12 mm	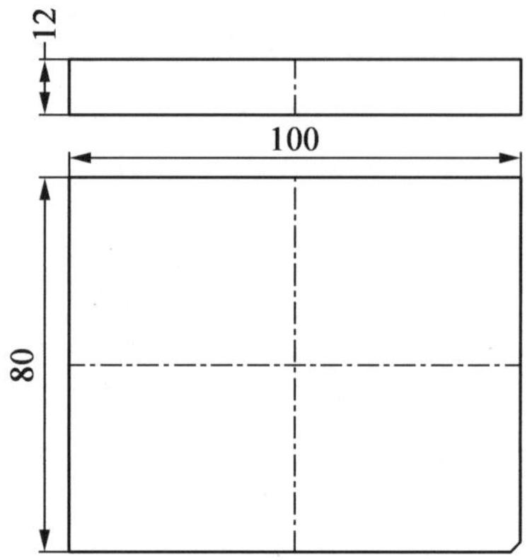 (12，100，80)
2	加工螺钉孔	按位置加工出螺钉孔,线切割穿丝孔,销钉孔(粗孔)	
3	热处理	按热处理工艺,淬火达到 HRC58~62	
4	线切割	按图线切割,轮廓达到尺寸要求	
5	加工销钉孔	采用电火花,按位置加工出落料避空孔	
6	钳工精修	全面达到设计要求	
7	检验		

表3-5　卸料块加工步骤

工序号	工序名称	工序内容	工序简图(示意图)
1	凸凹模备料	采购毛坯:10.1 mm×22 mm×43 mm 说明:a 常取 1~3 mm,用于线切割;b 常取 10~15 mm,用于线割装夹	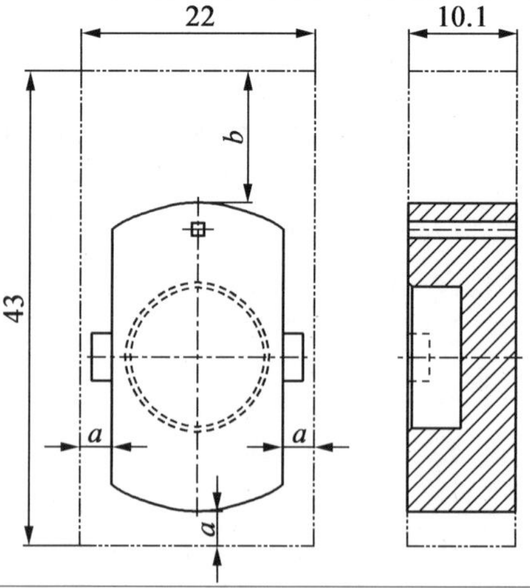 (22，10.1，43)
2	加工弹簧孔及冲针避空孔	按位置加工出弹簧孔多钻削冲针避空孔	

续表 3 – 5

工序号	工序名称	工序内容	工序简图(示意图)
3	线切割	按图线切割工件外形	
4	加工挂台高度尺寸	通过铣削加工出挂台高度尺寸	
5	钳工精修	全面达到设计要求	
6	检验		

下模板、固定板以及卸料板都属于板类工件,其加工工艺比较规范。大部分特征为孔类,采用线切割及铣削加工即可,此处不再赘述。

3.4　模具的装配

根据复合模装配要点,选凹模作为装配基准件,先装下模,再装上模,并进行调整间隙、试冲和返修。模具装配工序见表 3 – 6。

表 3 – 6　模具装配工序

序号	工序	工艺说明
1	凸模、凹模及冲孔凸模预配	①装配前,仔细检查凸凹模、冲孔凸模形状尺寸及凹模型孔,是否符合图纸要求、尺寸精度及形状; ②将各凸模分别与相应的凹模孔相配,检查其间隙是否加工均匀,不合格的应重新修磨或更换
2	凸凹模装配	以凹模孔定位,将凸凹模压入上固定板的型孔中,并挤紧牢固
3	装配下模	①将定位销及卸料块装配到凹模板上; ②将冲针装配在下垫板上; ③以凹模作为装配基准,将第②步中装配好的下垫板及冲针组合件装配到凹模上; ④装卸料块弹簧与下模板,并用螺钉紧固,打入销钉
4	装配上模	①将卸料针装入到凸凹模上; ②在已装好的下模上放等高垫铁,再在凹模上放入 0.12 mm 的纸片,然后将凸凹模组件与上固定板组合装入凹模; ③用螺钉将上固定板组合、垫板、上模座连接在一起,但不要拧紧; ④将卸料板套装在已装入固定板的凸凹模上,装上卸料弹簧、等高螺丝及螺钉,并调节弹簧的预压量,使卸料板高出凸凹模下端约 1 mm; ⑤复查凸、凹模间隙并调整合适后,紧固螺钉; ⑥切纸检查,合适后打入销钉
5	试冲与调整	装机试冲并根据试冲结果做相应调整

【知识拓展3】

拓展3-1 复合模概念

复合模是多工序模中的一种,它是在压力机的一次行程中,在同一位置上,同时完成两道或两道以上工序的冲模,因此它不存在连续模冲压时的定位误差问题。

由于复合模要在同一位置上完成几道工序,所以它必须在同一位置上布置几套凸、凹模。对于复合模,如何合理地布置这几套凸、凹模是其要解决的主要问题。

如图3-13所示为冲孔落料复合模的基本结构,在模具的一方(指上模或下模)外面装着落料凹模,中间装着冲孔凸模;而在另一方,则装着凸凹模(这是在复合模中必有的工件,外形是落料凸模,内孔是冲孔凹模,故称此工件为凸凹模)。当上、下模两部分嵌合时,就能同时完成冲孔与落料。

将落料凹模装在上模上,称为倒装复合模,反之,则称为正装复合模。

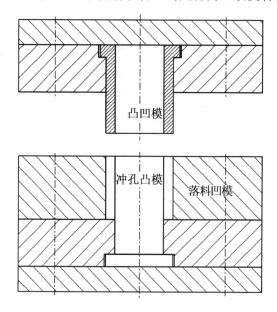

图3-13 冲孔落料复合模基本结构

拓展 3-2 复合模基本结构

1. 复合模中各板块的常用材料(仅供参考,因企业不同要求不一样)

表 3-7 各模板常用材料

模板名称	模板材料	处理要求	模板名称	模板材料	处理要求
上模座垫板	45#	无	内打板	SLD	HRC60~62
上垫块	45#	无	下脱板	SLD	HRC60~62
上打板	45#	无	凸凹模	SLD	HRC60~62
上模座	45#	无	下垫板	YK30	HRC60~62
上垫板	YK30	HRC50~52	下模座	45#	无
固定板	45#	无	垫脚	45#	无
落料凹模	SLD	HRC60~62	下模座垫板	45#	无

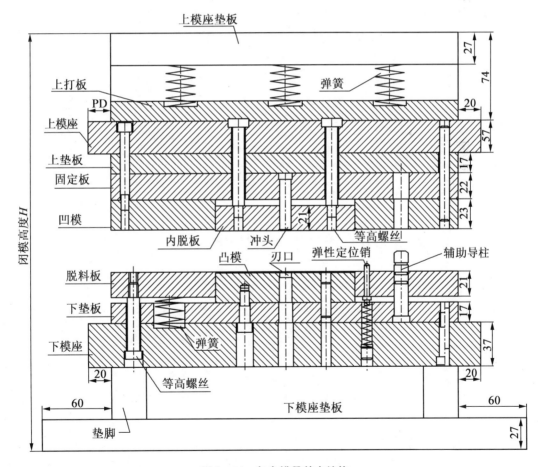

图 3-14 复合模具基本结构

2. 复合模基本结构

根据冲床吨位不同,模具上的垫板会有不同要求,例如当采用 25 t 冲床时,闭模高度 $H < 190$ mm,下模座垫板及垫脚应取消;当采用 60 t、80 t、110 t 冲床时,闭模高度 $H = 285$ mm,可依此调整垫块高度;当采用 160 t、200 t、250 t 冲床时,闭模高度 $H = 440$ mm。

拓展 3 - 3　卸料装置的结构与设计

卸料装置选择正确与否,直接影响工件的质量、生产效率和操作安全程度。卸料装置一般可分为三种形式:刚性卸料装置,半刚性卸料装置和弹性卸料装置。

1. 刚性卸料装置(又称固定卸料)

图 3 - 15(a)所示为封闭式刚性卸料装置,适合冲裁厚度 $t > 0.8$ mm 的条料卸料。

图 3 - 15(b)所示为悬臂式刚性卸料装置,适用于窄而长的大型工件或型钢(如角钢)进行冲孔或切口等工序的卸料。

图 3 - 15(c)所示为钩形刚性卸料装置,适用于空心工件在底部冲孔时的卸料。

刚性卸料装置的特点是卸料力大,使用安全可靠。但操作时,由于看不见挡料销不便观察冲裁情况,操作不方便。另外,板料是在不压料情况下冲制的。因此冲出的工件有明显的翘曲现象。特别是对于薄料、软料这种现象更为明显,故刚性卸料装置适用于硬料、厚料($t > 0.8$ mm),工件精度要求不高的冲裁,多用在连续冲模中。

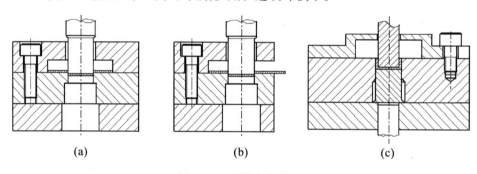

(a)　　　　　　　　(b)　　　　　　　　(c)

图 3 - 15　刚性卸料装置

2. 半刚性卸料装置

如图 3 - 16 所示,这种卸料装置具有刚性卸料装置的优点,而又克服了刚性卸料装置中操作者视野不好的缺点,在操作上较为方便。另外,可使凸模高度尺寸减小,但这种卸料装置也不适用于薄料冲裁。

3. 弹性卸料装置

图 3 - 17 所示的卸料装置是借助于弹簧或橡皮的弹力,推动卸料板动作而实现卸料目的。

图 3 - 17(a)是最简单的一种卸料装置,直接把橡皮套在凸模上实现卸料。这种卸料方式多用在冲模不便安装卸料板的情况,或在工件进行试生产、批量较小时采用,也特别适合工件很小时的卸料。目前一些中小型工厂采用较多。由于橡皮与工件直接接触,故橡皮损

坏较快。

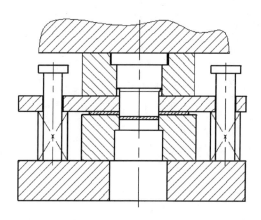

图 3 - 16　半刚性卸料装置

图 3 - 17(b)是在弹簧(有时用橡皮)作用下通过卸料板进行卸料的。弹性卸料装置在各种冲裁模中得到广泛的使用。由于冲裁时,卸料板对坯料有预压作用,因此,材料较薄、要求平整、精度较高的工件适合采用这种卸料方式。一般复合模适宜采用这种卸料装置。

弹性卸料装置,根据工件的形状、精度及材料不同,又可以设计成不同的结构。卸料板根据需要,可以装在上模中,也可以装在下模上;可以采用无导向结构,也可以采用有导向结构。如果卸料板装在下模上,其所用弹簧或橡皮可安装在压力机工作台的下面,卸料力的大小可以调节。如果冲裁小件或工件精度要求较高时,一般卸料板本身需要有导向结构。而卸料板与凸模需要采用 H8/h7 的配合,这时卸料板对凸模兼起导向及保护作用。

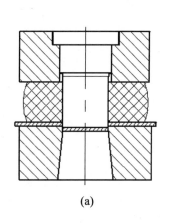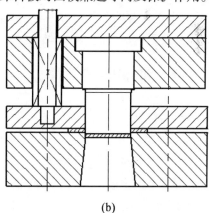

　　　　　　(a)　　　　　　　　　　　　　　　　(b)

图 3 - 17　弹性卸料装置

4. 卸料板的设计

合理的卸料板结构形式是模具能否正常工作的重要环节之一,卸料板除了卸料以外,有时也与凸模的导向板合二为一,起到凸模的导向及保护作用(如导板冲模,小孔冲模的卸料板等)。

（1）卸料板的形状及尺寸。

卸料板的外形，多与冲模的上、下模座形状相似，一般为长方形和圆形两种。卸料板的厚度与冲裁板料的厚度及卸料板的宽度有关。

（2）卸料板上成型孔的设计。

卸料板上成型孔的形状基本与凹模刃口的形状相同（细小凹模刃口及特殊情况例外），因此加工时应与凹模配合加工。但在设计卸料板成型孔时应注意以下几点。

①凸模与卸料板上孔的配合间隙 c（单边）的数值。一般为刚性卸料板，冲裁厚度在 3 mm 以下时，$c = (0.1 \sim 0.5)t$；弹性卸料板 $c = (0.1 \sim 0.2)t$，或者按 H8/h7 的配合取值。如图 3 - 18 所示。

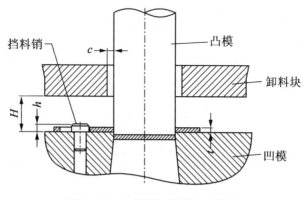

图 3 - 18　卸料板与凸模配合间隙

②假如卸料板兼作凸模导向板时，凸模与卸料板上孔的配合应取 H7/h6 的配合。

③卸料板的上下安装接合表面应光洁，一般应采用磨削加工，与板料接触的表面上的孔不应做倒角，而另一面则应做倒角 $5 \times (5° \sim 15°)$。

拓展 3 - 4　冲裁模零部件设计

1. 冲裁凸模的设计

（1）冲裁凸模的结构方式。

凸模的结构形式种类很多，其中断面为圆形的凸模结构已有国家标准。非圆柱形断面的凸模，结构随冲裁件的形状而异，目前还没有统一的标准规定。

①圆形凸模的结构形式。常见的圆形凸模结构形式有如下几种，如图 3 - 19 所示。

图 3 - 19(a)、图 3 - 19(b) 是 B 型标准圆凸模结构形式，为保证凸模强，避免应力集中，在凸模直径变换处应以圆弧形式过渡。B 型凸模适合冲制 $\phi 3 \sim 30$ mm 的工件。

图 3 - 19(c) 是 A 型标准凸模结构，适合冲裁 $\phi 1.1 \sim 30.2$ mm 的工件。在冲裁直径较小的工件时，为了改善凸模强度，在中部可以增加一个过渡段。

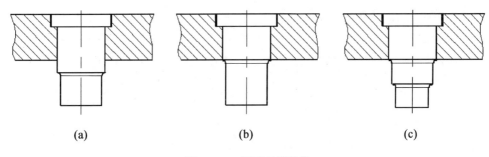

图 3 - 19 圆形凸模结构

图 3 - 20 是冲裁料厚与孔径相近的小孔凸模结构,为了提高纵向抗弯曲能力,采用护套结构形式。

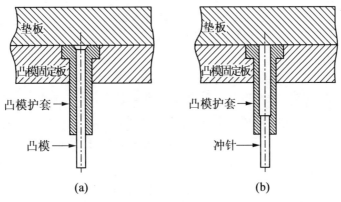

图 3 - 20 护套式凸模结构

冲裁大直径工件的凸模常采用图 3 - 21 所示的结构形式。其中,图 3 - 21(a)中凸模用窝座定位,用螺钉直接固定在上模座上。图 3 - 21(b)是镶配式结构,其工件部分用模具钢制作,并进行热处理,非工作部分用一般结构钢制作,用螺钉与模座固紧。

标准圆形凸模的结构和尺寸已经实现了标准化,设计时可参考相关手册。

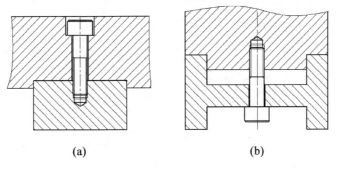

图 3 - 21 装配式凸模结构

②非圆形凸模结构。非圆形凸模因其形状复杂多变,可将工件近似归为圆形类和方形类两种,如果工件属于圆形类,则可将凸模固定部分做成圆柱形;如果工件属于方形类,则凸模固定部分也做成方形的。如图 3 - 22 所示,这样可以减小凸模制造的复杂程度。用圆柱

形固定的非圆柱凸模应注意凸模定位,一般采用打骑缝销钉来防止凸模的转动,如图 3 - 22(a)所示。

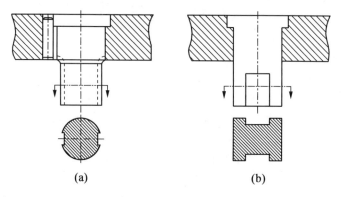

图 3 - 22　非圆形凸模结构

(2)凸模的固定形式。

①用凸模固定板固定。凸模与凸模固定板采用间隙配合,间隙单边为 0.02 mm,凸模装入固定板后用螺钉将凸模固定板与上模座固紧,并用销钉定位。常见的几种结构如图 3 - 19、图 3 - 20 所示。凸模可以做成装配台阶形(直径较大的采用),一般对中小型的凸模多采用铆头形式固定,如图 3 - 19(c)所示。特别是多头冲模,在彼此间距很小的情况下,用台阶式结构会互相干涉,用铆头结构则比较紧凑。

②凸模与上模座直接固定。如图 3 - 21 所示即为凸模与上模座直接固定的例子,一般多用于冲裁较大工件的凸模固定。

③可更换的凸模固定形式。图 3 - 23 所示为可更换的凸模固定形式。多用于凸模特别容易磨损和大型冲模中的一些小凸模,因为这些凸模容易损坏,需经常更换。采用这种结构形式,凸模更换方便迅速,不用拆卸整个上模,使冲模有较好的维修性能。图 3 - 23(a)所示为适用于冲裁数量较少的简单冲模凸模的固定;图 3 - 23(b)所示为多头冲模的快速更换凸模的固定形式。

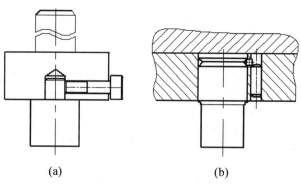

图 3 - 23　可更换式凸模结构

④环氧树脂浇注固定。采用环氧树脂黏结剂固定凸模时,其固定结构形式如图 3 - 24(a)、图 3 - 24(b)所示,这种高分子塑料在硬化状态下对各种金属表面具有很强的黏着力,其抗

拉强度为 56 ~ 80 MPa,抗压强度可达 110 ~ 130 MPa。但环氧树脂抗冲击性能低,材料硬化后较脆,一般适合冲裁薄板材料,可冲裁的材料厚度为 0.8 ~ 2 mm。

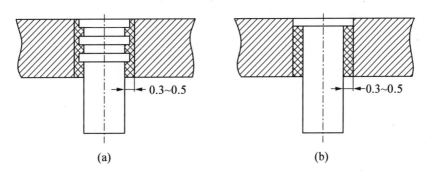

图 3 - 24　环氧树脂固定凸模

(3)凸模长度的确定。

凸模长度一般根据冲模的结构来确定,一般情况下,在满足结构和使用要求的前提下,越短越好。图 3 - 25 所示为具有固定卸料板的冲裁模,其凸模长度可按下式计算:

$$L = h_1 + h_2 + h_3 + (10 ~ 20)(\text{mm})$$

式中　h_1——导尺厚度,mm;

　　　h_2——卸料板厚度,mm;

　　　h_3——凸模固定板厚度,mm。

公式中的 10 ~ 20 mm 包括凸模进入凹模深度,凸模修磨量,冲模在闭合状态下卸料板到凸模固定板间的距离。凸模长度在设计时应根据冲模的不同结构和要求加以修正。在一般情况下,凸模强度和刚度不需要计算,只有在凸模断面很小,被冲材料很厚且硬的情况下,才有必要对凸模强度、刚度进行校核验算。

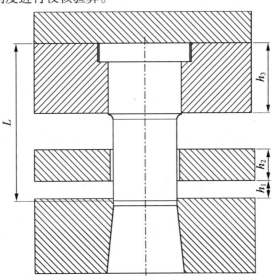

图 3 - 25　凸模长度的确定

2. 冲裁凹模的设计

（1）凹模的结构。

①整体式凹模结构。图 3－26 为常用的几种整体式凹模的结构形式,圆柱形凹模结构形式已标准化。

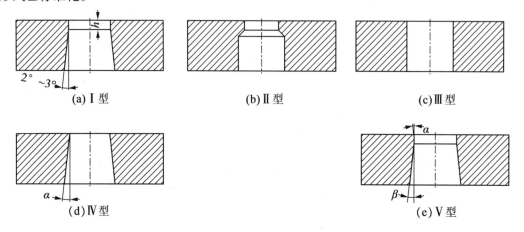

(a) Ⅰ 型　　　　　　(b) Ⅱ 型　　　　　　(c) Ⅲ 型

(d) Ⅳ 型　　　　　　　　　(e) Ⅴ 型

图 3－26　整体式凹模的结构形式

说明:

Ⅰ型为柱孔口锥形凹模,刃口强度较高,修磨后孔口尺寸不变,常用于冲裁形状复杂或精度要求较高的工件加工。但是容易在孔口积料,增加冲裁力和孔壁的磨损,磨损后孔中能形成倒锥形状,使孔口内的冲裁件容易反跳到凹模表面上,影响冲裁正常进行,严重时还会损坏冲模,所以直段 h 部分不宜过大,一般可按材料厚度选取:

$$t < 0.5 \text{ mm}, \quad h = 3 \sim 5 \text{ mm};$$
$$t < 0.5 \sim 5 \text{ mm}, \quad h = 5 \sim 10 \text{ mm};$$
$$t < 5 \sim 10 \text{ mm}, \quad h = 10 \sim 150 \text{ mm}。$$

Ⅱ型为柱孔口直筒形凹模,刃口强度较高,修磨后尺寸无变化,加工简单,工件容易漏下,适合冲裁直径小于 5 mm 的工件。

Ⅲ型为直筒形凹模,刃口强度高,刃磨后尺寸无变化,此种结构多用于有顶出装置的复合模。

Ⅳ型为锥形凹模,冲裁件容易漏下,凹模磨损后修磨量较小,但刃口强度不高。修后孔中有变大的趋势,适于冲制自然漏料,精度不高,形状简单的工件。α 角一般电加工时取 $\alpha = 4' \sim 20'$（落料模 $\alpha < 10'$,复合模 $\alpha = 5'$）,机械加工经钳工精修时取 $\alpha = 15' \sim 30'$。

Ⅴ型为具有锥形柱孔的锥形凹模,其特点是孔口不容易积存工件或废料,刃口强度略差。一般用于形状简单、精度要求不高的工件的冲裁,其中参数 α、β、h 值的大小与工件厚度有关,当 $t < 2.5$ mm 时,$\alpha = 15'$,$\beta = 2°$,$h = 4 \sim 6$ mm;当 $t > 2.5$ mm 时,$\alpha = 30'$,$\beta = 3°$,$h \geq 8$ mm。

②镶拼式凹模结构。镶拼结构常用于大型或形状复杂的凹模,对于凹模特别容易损坏的部位也可将该部分制成镶块式。

镶拼式凹模结构特点是：由于镶拼式凹模由多个镶块组成，因此，加工时可将复杂形状的凹模分解加工，可把原来的内表面加工转换成外表面加工，从而减少加工难度。另外，镶拼式凹模可节省模具钢的用量，减少热处理变形量，并使凹模修理、更换方便。镶拼式凹模最大的缺点是凹模加工量较大，装配比较困难。决定是否采用镶拼结构凹模，应从冲压工件的尺寸大小、冲压工件的几何形状复杂程度、凹模是否容易损坏等方面来考虑。

在设计镶拼结构的凹模时，正确决定凹模镶块拼合部位的划分很重要。凹模分块时既要考虑加工方便，又要考虑镶块固定装配的可能，同时还要保证满足冲裁件质量要求。

（2）凹模的固定方法。

凹模的固定方法与凸模的固定方法大同小异，常用如图 3 – 27 所示的几种方法，其中图 3 – 27（a）、图 3 – 27（b）凹模直接固定在模座上。图 3 – 27（a）适合冲裁数量较少的简单件，图 3 – 27（b）适合冲裁大型工件，图 3 – 27（c）的凹模与固定板采用 H7/m6 配合，凹模带有台阶，这种形式常用于工件形状较简单和较厚的材料冲裁，图 3 – 27（d）的凹模采用 H7/s6 压配合的形式与固定板配合，一般只在冲裁小件时使用。

另外，凹模也可以采用低熔点合金浇注法固定及使用环氧树脂黏结剂固定。硬质合金凹模，除通常采用的机械方法和低熔点合金浇注固定外，圆形凹模还可以采用热套固定方法，即利用加热后钢的线膨胀系数比硬质合金大的特点将凹模装入固定板中，过盈量通常为直径的 0.6% ~1.0%，加热温度一般为 500 ~600 ℃。

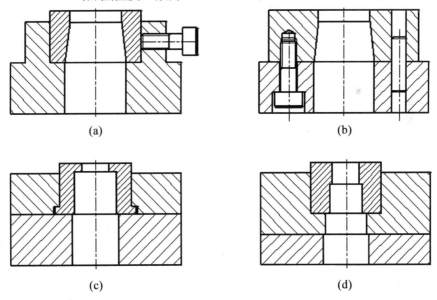

(a)

(b)

(c)

(d)

图 3 – 27 凹模的固定方法

3. 凸凹模的结构设计

凸凹模是冲模当中一个特殊工件，其内形刃口起凹模作用，外形起凸模作用。因此，在设计凸凹模时，其外形可参照一般凸模结构进行设计，内形可参照一般凹模结构进行设计。凸凹模设计的关键是如何保证外形与内形之间壁厚的强度问题。如果凸凹模模壁太薄，在冲裁过程中会发生开裂现象。为增加模具侧壁强度，可采取下列措施。

（1）增加有效刃口以外的壁厚，一是将多余的金属向外形刃口以外增加，二是将多余的金属向内形刃口以内增加。

（2）复合模采用正装式结构，在凸凹模冲裁时使凸凹模孔内只存一个废料就被推出，以减小废料对凸凹模孔壁的张力。

项目4 线槽弯曲模具设计与制造

4.1 设计任务

工件名称:线槽

材料:H62 黄铜

材料厚度:0.5 mm

生产量:5 万件

技术要求:

1. 未注公差按 ST 7 级处理;

2. 平面不允许翘曲。

4.2 线槽弯曲模具设计

4.2.1 工件的工艺性分析

1. 结构工艺性

图 4 - 1 所示为线槽成品图,用于定位两线间距,主要特征是内侧有两处 65°的折弯面。此工件形状简单,尺寸要求不高,工件最大外形长为 60 mm,宽为 46 mm,折弯段长度为 24.92 mm,该工件板料厚 $t = 0.5$ mm,工件设计合理,利于折弯成型。

2. 精度

该工件的尺寸精度均不超过 ST 7,因此可以通过普通冲裁方式保证工件的精度要求。

3. 原材料

H62 黄铜塑性、韧性很好,抗拉强度 $\sigma_b \geqslant 335$ MPa,屈服强度 $\sigma_s \geqslant 205$ MPa,适合冲裁加工。

综上所述,该工件具有良好的折弯工艺性,适合冲裁加工。

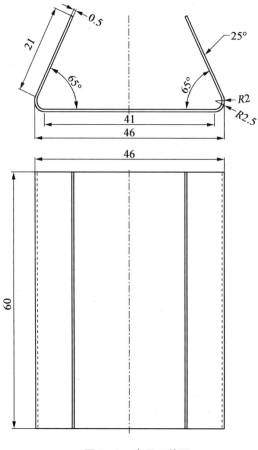

图 4 - 1　产品工件图

4.2.2　成型工艺方案确定

根据图 4 - 1 分析可知, 该工件可采用如下两个方案来设计。

方案 1:采用多工位级进模设计,通过落料、1/4 次折弯、1/2 次折弯、全折弯等 4 套工序完成,但会导致模具制造成本高,维修困难。

方案 2:采用单工序折弯模来设计。由图 4 - 2 可知,工件的成型特征主要为两侧折弯,折弯角度均为 65°,此处可以在模具上设计滑块成型。此设计方案既可防止工件折弯后产生回弹,也便于模具制造与后期维护。

通过以上两个方案的对比可知,方案 1 模具制造成本高,维修困难;方案 2 模具成本低,维修调整较方便。而且工件产量大,所以选择方案 2,采用单冲折弯模设计较为经济。

4.2.3　模具总体设计

1.模具类型的确定

由冲压工艺分析可知,本套模具要在同一工位上同成完成两侧折弯的工序,综合模具的卸料与定位方式,决定采用两侧带滑块的折弯模具结构。如图4-2所示。

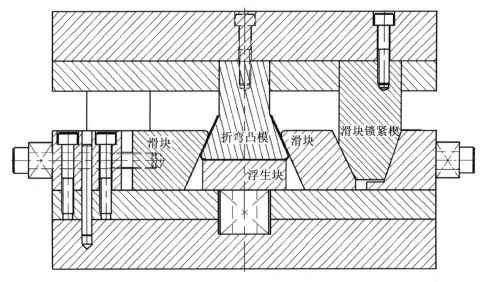

图4-2　两侧带滑块的折弯模具结构

2.模具工件结构形式确定

(1)送料及定位方式。

根据模具结构,本套模具只能采用手工送料,因为折弯成型是该工件的最后一道工序,在第1道工序中需要经过落料得到工件的坯料,为方便坯料的放置,需要设计定位销进行工件放置时定位。如图4-3所示。

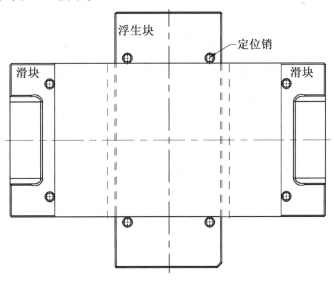

图4-3　定位销分布图

(2)卸料装置卸料。

如图4-4所示,本套模具的卸料方式需要采用人工卸料,因为工件成型之后,会包在前模型芯上,此时需要手动将工件取下。

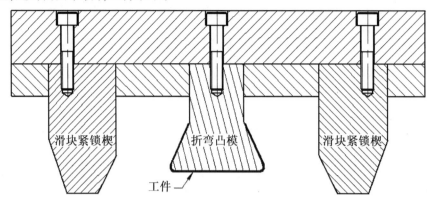

图4-4　手工卸料方案确定

(3)模架的选用。

由于工件的结构简单,大量生产都使用导向装置。导向装置主要有滑动式导柱导套结构和滚动式导柱导套结构,该工件承受侧压力不大,为了加工装配方便,易于标准化,决定使用滑动式导柱导套结构。由于该工件受力不大,精度要求也不高,同时为了节约生产成本,简化模具结构,降低模具制造难度,方便安装调整,采用四角导柱导套式模架。

在板块的选择上,因采用人工卸料,所以少了卸料板。模具在成型过程中只需要局部压紧,因模具两侧设计有滑块,故将压边圈设计成如图4-5所示的结构。由此构成模架的板块也较少,主要由上模座板,凸模固定板,下模垫板,下模座板4件模板所构成。如图4-5所示。

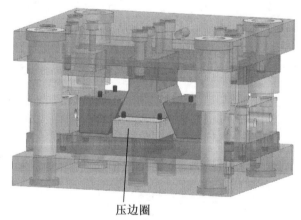

图4-5　模架

(4)滑块结构设计。

根据工件的结构,两侧都设计有65°的折弯角,为便于模具一次成型,故在模具两侧设计滑块。

如图4-6所示为滑块的工作原理:合模时(图4-6(a)),滑块在锁紧工件的推力作用下,使其将工件折弯;开模时(图4-6(b)),滑块利用螺杆作为导向,在弹簧的作用下使滑块恢复到原位。设计时,要注意锁紧面的角度一定要比工件的折弯角度大 2°,否则会造成滑块、锁紧工件、型芯卡死的现象。

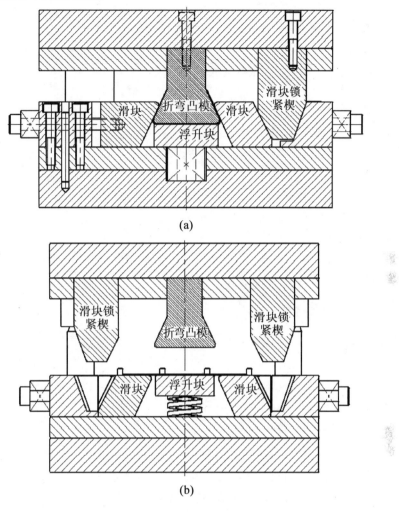

(a)

(b)

图 4 - 6　滑块结构设计

4.2.4　弯曲件坯料尺寸及弯曲力的计算

1. 弯曲中性层位置的确定

根据中性层的定义,弯曲件的坯料长度应等于中性层的展开长度。中性层位置以曲率半径 ρ 表示(图 4 - 7),通常用下面经验公式确定:

$$\rho = r + xt$$

式中　r——工件的内弯曲半径;

　　　t——材料厚度;

　　　x——中性层位移系数,见表 4 - 1。

表 4 – 1　中性层位移系数 x 值

r/t	0.1	0.2	0.3	0.4	0.5	0.6	0.7	0.8	1	1.2
x	0.21	0.22	0.23	0.24	0.25	0.26	0.28	0.3	0.32	0.33
r/t	1.3	1.5	2	2.5	3	4	5	6	7	≥8
x	0.34	0.36	0.38	0.39	0.4	0.42	0.44	0.46	0.48	0.5

图 4 – 8 所示为本套工件的工件图,根据以上计算方法,求得中性层半径值的计算过程为

$$r/t = 2/0.5 = 4$$
$$x = 0.42$$

根据公式求得中性层半径为

$$\rho = 2 + 0.42 \times 0.5 = 2.21(\text{mm})$$

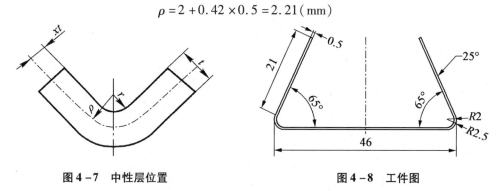

图 4 – 7　中性层位置　　　　　　　图 4 – 8　工件图

2. 弯曲件坯料尺寸的计算

中性层位置确定后,对于形状比较简单、尺寸精度要求不高的弯曲件,可直接采用下面介绍的方法计算坯料长度,而对于形状比较复杂或精度要求高的弯曲件,在利用下述公式初步计算长度后,还需反复试弯不断修正,才能最后确定坯料的形状及尺寸。

(1)圆角半径 $r > 0.5t$ 的弯曲件。

$r > 0.5t$ 的弯曲件由于变薄不严重,按中性层展开的原理,坯料总长度应等于弯曲件直线部分和圆弧部分长度之和(图 4 – 9),即

$$L_Z = l_1 + l_2 + \frac{\pi\alpha}{180}\rho = l_1 + l_2 + \frac{\pi\alpha}{180}(r + xt)$$

式中　L_Z——坯料展开总长度;

　　　α——弯曲中心角。

(2)圆角半径 $r < 0.5t$ 的弯曲件。

对于 $r < 0.5t$ 的弯曲件,由于弯曲变形时不仅工件的圆角变形区产生严重变薄,而且与其相邻的直边部分也会变薄,所以应按变形前后体积不变条件确定坯料的长度。通常采用表 4 – 2 所列经验公式计算。

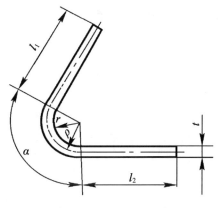

图 4 - 9 r > 0.5t 的弯曲

表 4 - 2 r < 0.5t 的弯曲件坯料长度计算公式

简图	计算公式	简图	计算公式
	$L_Z = l_1 + l_2 + 0.4$		$L_Z = l_1 + l_2 + l_3 + 0.6t$ （一次同时弯曲两个角）
	$L_Z = l_1 + l_2 - 0.4$		$L_Z = l_1 + 2l_2 + 2l_3 + t$ （一次同时弯曲四个角） $L_Z = l_1 + 2l_2 + 2l_3 + 1.2t$ （一次同时弯曲四个角）

本案例中,圆角半径属于第 1 种情况,所以坯料的展开总长为

$$L_Z = 21 \times 2 + 41 + 2 \times 2.21 \times \frac{3.14 \times 65}{180} \approx 88$$

3. 弯曲力的计算

弯曲力是指工件完成预定弯曲时需要压力机施加的压力。弯曲力是选择压力机和设计模具的重要依据之一。由于弯曲力受材料品种,材料厚度,弯曲几何参数,设计弯曲模所确定的凸、凹模间隙大小等多种因素的影响,很难用理论分析的方法进行准确计算,所以在生产中常采用经验公式计算。

（1）自由弯曲时的弯曲力。

V 形弯曲件的计算:

$$F_1 = \frac{0.6KBt^2\sigma_b}{R + t}$$

U 形弯曲件的计算:

$$F_1 = \frac{0.7KBt^2\sigma_b}{R + t}$$

式中 F_1——自由弯曲力(冲压行程结束,尚未进行校正弯曲时的压力),N;

   B——弯曲件宽度,mm;

   t——弯曲件材料厚度,mm;

   R——弯曲内半径,mm;

   σ_b——材料抗拉强度,MPa;

   K——安全因子,一般取 $K = 1.3$。

本套工件的折弯角按 V 形弯曲件计算,可得单边折弯的自由弯曲力为

$$F_1 = 0.6KBt^2\sigma_b/(R + t) = 0.6 \times 1.3 \times 60 \times 0.5^2 \times 300/(2 + 0.5) = 1\ 404(\text{N})$$

(2)校正弯曲时的弯曲力。

校正弯曲的弯曲力计算公式:

$$F_2 = q \times A$$

式中 F_2——校正弯曲应力,N;

   A——校正部分投影面积,mm;

   q——单位面积校正力,其值见表 4 - 3,mm。

由此可计算得本校正弯曲应力为

$$F_2 = 18 \times 1\ 520.73 = 27\ 373.14(\text{N})$$

表 4 - 3 所列数据是弯曲件校正所需要的压力,而实际压力值取决于压力机的调整和材料板厚的误差。

弯曲时压力机的压力是自由弯曲力与校正弯曲力之和。

$$F \geqslant F_1 + F_2$$

式中 F——压力机的压力。

校正弯曲时由于校正弯曲力比自由弯曲力大得多,故 F_1 可以忽略,而 F_2 的大小取决于压力机的调整。

表 4 - 3 单位校正力 q MPa

材料	材料厚度/mm			
	$\leqslant 1$	$1 \sim 2$	$2 \sim 5$	$5 \sim 10$
铝	$10 \sim 15$	$15 \sim 20$	$20 \sim 30$	$30 \sim 40$
黄铜	$15 \sim 20$	$20 \sim 30$	$30 \sim 40$	$40 \sim 60$
10 钢、15 钢、20 钢	$20 \sim 30$	$30 \sim 40$	$40 \sim 60$	$60 \sim 80$
25 钢、30 钢、35 钢	$30 \sim 40$	$40 \sim 50$	$50 \sim 70$	$70 \sim 100$

(3)顶件力或压料力。

若弯曲模设有顶件装置或压料装置,其顶件力 F_D(或压料力 F_Y)可近似取自由弯曲的 30% ~ 80%,即

$$F_D = (0.3 \sim 0.8)F_{自}$$

（4）压力机公称压力的确定。

对于有压料的自由弯曲，

$$F_{压机} \geqslant (1.2 \sim 1.3)(F_自 + F_Y)$$

对于校正弯曲，由于校正弯曲力比顶件力或压料力大得多，故顶件力或压料力可以忽略，即

$$F_{压机} \geqslant (1.2 \sim 1.3)F_校$$

4.2.5　回弹计算

1. 回弹的定义

压弯过程并不完全是材料的塑性变形过程，其弯曲部位还存在着弹性变形，所以压弯后工件的形状与模具的形状并不完全一致，这种现象称为回弹。回弹的大小通常用角度回弹量 $\Delta\theta$ 和曲率回弹量来表示。角度回弹是指模具在闭合状态时工件弯曲角与从模具中取出后工件的实际角度 θ_0 之差，即 $\Delta\theta = \theta_0 - \theta$；曲率回弹是指模具处于闭合状态时压在模具中工件的曲率半径 ρ 与模具中取出以后工件的实际曲率半径 ρ_0 之差，即 $\Delta\rho = \rho_0 - \rho$。

2. 影响回弹的因素

（1）材料的力学性能。

回弹角的大小与材料的屈服点 σ_s 成正比，与弹性模量 E 成反比。

（2）材料的相对弯曲半径 R/t。

当其他条件相同时，R/t 值越小，则 $\Delta\theta/\theta$ 与 $\Delta\rho/\rho$ 也越小。

（3）弯曲的工件的形状。

一般 U 形工件比 V 形工件回弹要小，回弹量与工件弯曲半径也有关，当比值 $R/t < 0.2 \sim 0.3$ 时，则回弹角可能为零，甚至达到负值。

（4）模具间隙。

"U"形弯曲模的凸凹模单边间隙 $Z/2$ 越大，则回弹也越大；$Z/2 < t$ 时能产生负回弹。

（5）校正力。

增加校正力可减小回弹量，对弯曲半径 $R/t < 0.2 \sim 0.3$ 的"V"形工件进行校正弯曲时，角度回弹量可能为零或负值。

3. 回弹的确定

如前所述，由于影响回弹数值的因素很多，而且各因素往往又相互影响，故不能进行精确的计算或分析。在一般情况下，设计模具时对回弹量的确定大多按照经验值，或计算后在实际模具中再进行修正。

只有当弯曲工件的圆角半径 $R \geqslant (5 \sim 8)t$ 时，计算才近似正确。当要求工件的弯曲圆角直径为 R 时，则可根据材料有关参数。用下列公式计算弯曲模的圆角半径回弹补偿值。

板材弯曲计算式为

$$R_凸 = R/(1 + 3\sigma_s R/Et)$$

棒材弯曲计算式为

$$R_{凸} = R/(1 + 3.4\,\sigma_s R/Ed)$$

式中　R——弯曲件圆角半径,mm;

　　　$R_{凸}$——弯曲模圆角半径,mm;

　　　σ_s——材料屈服点,MPa;

　　　E——材料弹性模量;

　　　d——棒材直径,mm。

　　当 $R < (5 \sim 8)r$ 时,工件的弯曲半径一般变化不大,只考虑角度回弹。角度回弹的数值查表 4 – 4 和表 4 – 5。

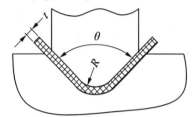

图 4 – 10　V 形折弯

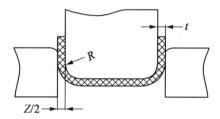

图 4 – 11　U 形折弯

表 4 – 4　V 形弯曲回弹角(见图 4 – 10)

材料牌号和状态	R	弯曲角度 θ						
		150°	135°	120°	105°	90°	60°	30°
	t	回弹角度 $\Delta\theta$						
2A12(硬)(LY12Y)	2	2°	2°30′	3°30′	4°	4°30′	6°	7°30′
	3	3°	3°30′	4°	5°	6°	7°30′	9°
	4	3°30′	4°30′	5°	6°	7°30′	9°	10°30′
	5	4°30′	5°30′	6°30′	7°30′	8°30′	10°	11°30′
	6	5°30′	6°30′	7°30′	8°30′	9°30′	11°30′	13°30′
2A12(软)(LY12Y)	2	0°30′	1°	1°30′	2°	2°	2°30′	3°
	3	1°	1°30	2°	2°30′	2°30′	3°	4°30′
	4	1°30′	1°30	2°	2°30′	3°	4°30′	5°
	5	1°30′	2°	2°30	3°	4°	5°	6°
	6	2°30′	3°	3°30′	4°	4°30′	5°30	6°30′
7A04(硬)(LC4Y)	3	5°	6°	7°	8°	8°30′	9°	9°
	4	6°	7°30	8°	8°30′	9°	12°	12°
	5	7°	8°	8°30′	10°	11°30′	13°30′	13°30′
	6	7°30′	8°30′	10°	12°	13°30′	15°30′	15°30′

续表 4 – 4

材料牌号和状态	R	弯曲角度 θ						
		150°	135°	120°	105°	90°	60°	30°
	t	回弹角度 Δθ						
7A04（软）（LC4Y）	2	1°	1°30′	1°30′	2°	2°30	3°	3°
	3	1°30′	2°	2°30′	2°	3°	3°30′	3°30′
	4	2°	2°30′	3°	3°	3°30′	4°	4°
	5	2°30′	3°	3°	3°30′	4°	5°	5°
	6	3°	3°30′	4°	4°	5°	6°	6°
20（已退火的）	1	0°30′	1°	1°	1°30′	1°30′	2°	2°
	2	0°30′	1°	1°30′	2°	2°	3°	3°
	3	1°	1°30′	2°	2°	2°30′	3°30′	3°30′
	4	1°	1°30′	2°	2°30′	3°	4°	4°
	5	1°30′	2°	2°30′	3°	3°30′	4°30′	4°30′
	6	1°30′	2°	2°30′	3°	4°	5°	5°
30CrMnSi（已退火的）	1	0°30′	1°	1°	1°30′	2°	2°30′	2°30′
	2	0°30′	1°30′	1°30′	2°	2°30′	3°30′	3°30′
	3	1°	1°30′	2°	2°30′	3°	4°	4°
	4	1°30′	2°	3°	3°30′	4°	5°	5°
	5	2°30′	2°30′	3°	4°	4°30′	5°30′	5°30′
	6	0°	3°	4°	4°30′	5°30′	6°30′	6°30′
1Cr17Ni8（1Cr18Ni9Ti）	0.5	0°	0°	0°30	0°30′	1°	1°30′	1°30′
	1	0°30′	0°30′	1°	1°	1°30′	2°	2°
	2	0°30′	1°	1°30	1°30′	2°	2°30′	2°30′
	3	1°	1°	2°	2°	2°30′	2°30′	2°30′
	4	1°	1°30′	2°30	3°	3°30′	4°	4°
	5	1°30′	2°	3°	3°30′	4°	4°30′	4°30′
	6	2°	3°	3°30	4°	4°30′	5°30′	5°30′

表 4 – 5　U 形弯曲回弹角(图 4 – 11)

材料的牌号状态	R	凹模和凸模的间隙 $Z/2$						
		0.8t	0.9t	1t	1.1t	1.2t	1.3t	1.4t
	t	回弹角度 $\Delta\theta$						
2A12(硬)(LY12Y)	2	−2°	0°	2°30′	5°	7°30′	10°	12°
	3	−1°	1°30′	4°	6°30′	9°30′	12°	14°
	4	0°	3°	5°30′	8°30′	11°30′	14°	16°30′
	5	1°	4°	7°	10°	12°30′	15°	18°
	6	2°	5°	8°	11°	13°30′	16°30′	19°30′
2A12(软)(LY12Y)	2	−1°30′	0°	1°30′	3°	5°	7°	8°30′
	3	−1°30′	0°30′	2°30′	4°	6°	8°	9°30′
	4	−1°	1°	3°	4°30′	6°30′	9°	10°30
	5	−1°	1°	3°	5°	7°	9°30′	11°
	6	−0°30′	1°30′	3°30′	6°	8°	10°	13°
7A04(硬)(LC4Y)	3	3°	7°	10°	12°30′	14°	16°	17°
	4	4°	8°	11°	13°30′	15°	17°	18°
	5	5°	9°	12°	14°	16°	18°	20°
	6	6°	10°	13°	15°	17°	20°	23°
7A04(软)(LC4Y)	2	−3°	−2°	0°	3°	5°	6°30	8°
	3	−2°	−1°30′	2°	3°30′	6°30′	8°	9°
	4	−1°30′	−1°	2°30′	4°30′	7°	8°30	10°
	5	−1°	−1°	3°	5°30′	8°	9°	11°
	6	0°	−0°30′	3°30′	6°30′	8°30′	10°	12°
20(已退火的)	1	−2°30′	−1°	0°30′	1°30′	3°	4°	5°
	2	−2°	−0°30	1°	2°	3°30′	5°	6°
	3	−1°30′	0°	1°30′	3°	4°30′	6°	7°30′
	4	−1°	0°30′	2°30′	4°	5°30′	7°	9°
	5	−0°30′	1°30′	3°	5°	6°30′	8°	10°
	6	−0°30′	2°	4°	6°	7°30′	9°	11°
30CrMnSi(已退火的)	1	−1°	−0°30′	0°	1°	2°	4°	5°
	2	−2°	−1°	1°	2°	4°	5°30′	7°
	3	−1°30′	0°	2°	3°30′	5°	6°30′	8°30′
	4	−0°30′	1°	3°	5°	6°30′	8°30′	10°
	5	0°	1°30′	4°	6°	8°	10°	11°
	6	0°30′	2°	5°	7°	9°	11°	13°

4. 减少回弹的措施

弯曲加工必然要发生回弹现象。如前所述,回弹大小与弯曲的方法及模具结构等因素有关,要完全消除回弹是极其困难的。消除回弹,常用的方法有补偿法和校正法。

（1）补偿法。

补偿法要预先估算或试出工件弯曲后的回弹量,在设计模具时使工件的变形超出原设计的变形,冲压回弹后得到所需要的形状。图 4-12（a）所示为角回弹的补偿,根据已确定的回弹角,在设计凸模和凹模时减小模具的角度,做出补偿。图 4-12（b）所示的情况采取两种措施:其一是使凸模向内侧倾斜;其二是使凸凹模单边间隙小于材料厚度,凸模将板料压入凹模后,利用板料两侧都向内贴紧凸模,凸凹模分离后,工件回弹,两边恢复垂直。图 4-12（c）所示,弯曲件在模具内底部凹入,出模的工件圆弧部分回弹为直线,同时其两侧也就向内侧倾斜使回弹得到补偿。

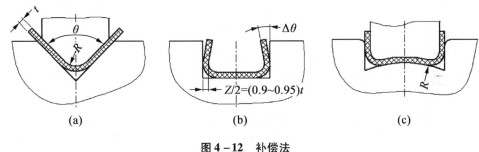

图 4-12　补偿法

（2）校正法。

校正法是在模具结构上采取措施,让校正压力集中在弯角处,力求消除弹性变形,克服回弹。

图 4-13（a）、图 4-13（b）所示为弯曲校正力集中作用在较小的接触面积,使工件的圆角部分材料变薄,达到消除回弹的效果。

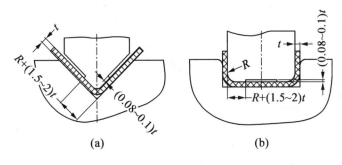

图 4-13　校正法

4.2.6　模具工件详细设计

1. 工作工件设计

图 4-14 所示为工件成型时的模具装配图,主要由 4 个成型的工件组成,分别是折弯凸

模①、滑块②④、压边圈③⑤。

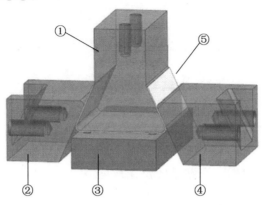

图 4 – 14　成型工件

（1）折弯凸模设计。

①图 4 – 15 所示为折弯凸模的工件图，其外形尺寸为 45 mm × 60 mm × 49.75 mm，因 H62 材质硬度不高，故工件材料选用 Cr12，热处理 HRC60 ~ 64。

由于折弯模具工件不需要借助刃口进行工件的剪切，所以模具工件可以采用单件加工的制造方法。根据折弯凸模的外形，可以采用电火花线切割加工。

②凸模底部圆角设计。凸模底部圆角的设计原则是：一般情况下，凸模圆角半径等于或略小于工件内侧的圆角半径，对于工件圆角半径较大（$R/t > 10$），而且精度要求较高时，应考虑回弹的影响，将凸模圆角半径根据回弹角的大小做相应的调整，以补偿弯曲的回弹量。

本套模具中 $R/t = 4$，属于小圆角，故凸模圆角半径等于工件内侧半径 R2。

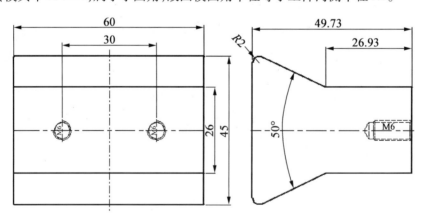

图 4 – 15　凸模工件图

2. 滑块结构设计

（1）滑块设计。

图 4 – 16 所示为滑块的工件图，工件上的折弯角度主要由两侧的滑块来完成，工件材料选用 Cr12，热处理 HRC60 ~ 64。

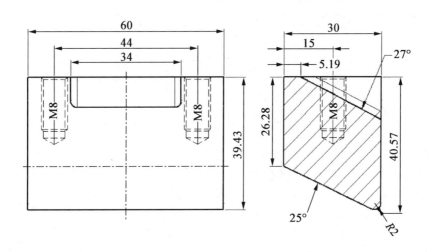

图 4 - 16　滑块工件图

（2）锁紧楔工件设计。

图 4 - 17 所示为锁紧楔的工件图，其作用是为滑块提供合模折弯工件时的驱动力，因为在合模时会与滑块产生摩擦，所以工件需要耐磨，故工件材料选用 Cr12，热处理 HRC60 ~ 64。

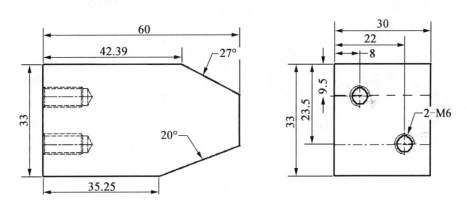

图 4 - 17　锁紧楔工件图

（3）滑块导向座。

图 4 - 18 所示为导向座的工件图，其作用是为滑块运动提供导向定位，防止滑块在运动过程中跳动。因滑块在运动过程中会导致导向螺钉与导向座产生摩擦，所以导向座应选择表面硬度较高的预硬钢材料，所以材料选用 P20。

（4）滑块的行程计算。

如图 4 - 19 所示，模具处于合模状态，此处开模行程 $T = S + (2 \sim 3)$ mm（S 为滑块折弯的距离），本套模具中 $T = 6$ mm，此处要防止模具在合模过程中滑块与凸模 9 相撞。

滑块的驱动力来自于锁紧楔 1，锁紧面与成型面的角度一定要满足 $\beta = \alpha + 2°$，否则会导致开模时，凸模 9 与两侧滑块 6 产生干涉或碰撞。滑块的复位通过弹簧 4 提供动力，导向采用了较简易的内六角螺钉的螺杆进行导向，滑块的限位通过滑块导向座 2 进行限位。通过试模,确定整套模具结构合理,生产效率高。

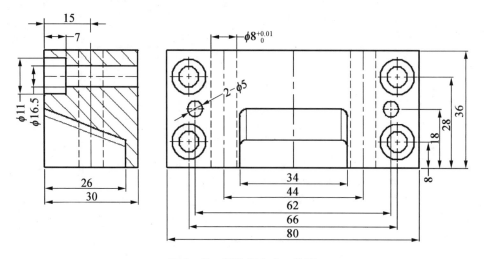

图 4 - 18　滑块导向座工件图

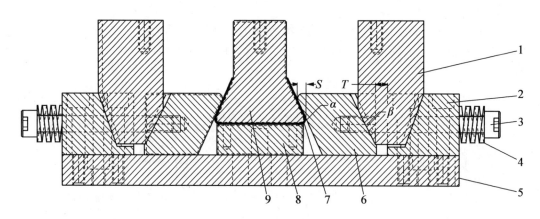

1—锁紧楔;2—滑块导向座;3—导向螺钉;4—复位弹簧;5—垫板;6—滑块;7—工件;8—浮升块;9—凸模

图 4 - 19　滑块结构

3.浮升块设计

图 4 - 20 所示为浮升块的工件图,其作用是保证工件平整,防止冲压过程中底部凸起,确保两侧折弯角顺利成型,所以浮升块应选择表面硬度较高的预硬钢材料,故材料选用P20。

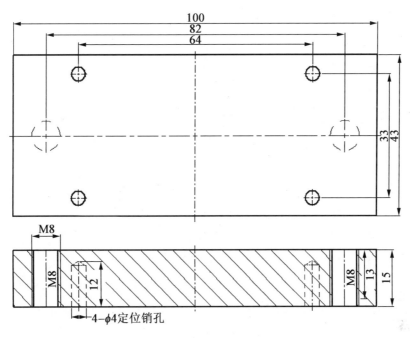

图 4－20　浮升块工件图

　　如图 4－21 所示,此处浮升块的作用主要是保证工件平整,防止冲压过程中底部凸起,确保两侧折弯角顺利成型。浮升块的动力部分主要是底部设计有两个 $\phi25$ mm × 45 mm 的弹簧,通过标准件手册(例如 MISUMI)可查得两个弹簧预压载荷为 26.64 kg,可确保工件在折弯变形过程中稳定。浮升块两侧设计有等高螺丝,主要用于浮升块工件的限位,预压状态的高度与两侧滑块齐平。浮升块上设计有定位销,以便坯料的精确放置与定位。

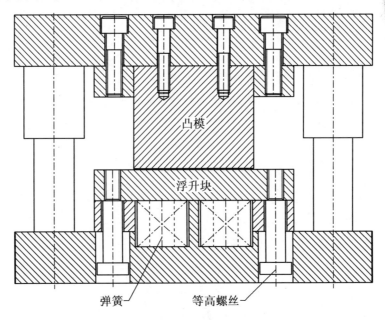

图 4－21　浮升块的运动原理

4. 其他板类工件的设计

（1）上、下模座板设计。

上模座和下模座分别为一副模架上不同位置的两个工件,如图 4 - 21 所示。其共同作用是上、下模座都是直接或间接地将模具的所有工件安装在其上面,构成一副完整的模具。与上模座固定在一起的模具工件,称为上模部分,由于它常通过模柄或螺栓和压板与压力机滑块固定在一起,随压力机滑块上下运动实现冲压动作,所以这部分又称为活动部分。而与下模座固定在一起的模具工件,称为下模部分,它常通过螺栓和压板与压力机工作台固定在一起,称为模具的固定部分。上、下模座是整个模具的基础,它要承受和传递压力,因此,对于上、下模座的强度和刚度必须十分重视。每一副模架的上模座与下模座的强度和刚度必须满足使用要求,不能在工作中引起变形,否则会影响到冲压件的精度和降低模具使用寿命。大一些的模具下模座的强度和刚度更不可忽视。

在模具设计过程中尽量选用标准模架(《冲模滚动导向模架》(GB/T 2852—2008)、《冲模滚动导向钢板模架》(JB/T 7182—1995)),因为标准模架的形式和规格决定了上、下模座的标准形式和规格(《冲模滑动导向模座》(GB/T 2855—2008)、《冲模滚动导向模座》(GB/T 2856—2008)、《冲模滚动导向钢板模座》(JB/T 7186—1995)、《冲模导向装置》(JB/T 7187—1995)),并且在强度和刚度方面,选用标准模架以保证一般性能,比较安全。

当没有标准模架选择时,应当采用非标准模座(需自行设计),模座的材料可采用45#钢、P20 或铸铁等制造,导向装置的导柱、导套仍应选用标准件。非标准模座外形常取矩形,长度和凹模长相等或比凹模稍长,可按下式确定:

$$L_1 = L + K$$

式中 L_1——上、下模座长度;

L——凹模板长度;

K——增加值,这是个经验值,取 $K = 10 \sim 50$ mm。

非标准模座的宽度比凹模的宽度要大,因为在模座上要安装导向装置,还要留有压板压紧固定位置,可按下式确定:

$$B_1 = B + 2D + K_1$$

式中 B_1——上、下模座宽度;

B——凹模板宽度;

D——导套外径;

K_1——增加值,这是个经验值,取$K_1 > 40$ mm。

注意 下模座外形尺寸同压力机台面孔边留 40 mm 以上。模座的厚度可按下式确定:

普通冲模,

$$H_1 \geqslant (1.5 \sim 2) H_凹$$

精密冲模,

$$H_1 \geqslant (2.5 \sim 3.5)H_凹$$

式中　H_1——下模座宽度；

　　　$H_凹$——凹模板宽度。

上模座和下模座的外形一般保持一样的大小,在厚度方面,上模座厚度H_2可略小于下模座厚度H_1,即$H_2 \leqslant H_1$,可取$H_2 = H_1 - (5 \sim 10)$mm。

本套模具采用非标模架,如图4-22(b)所示,上下模座的尺寸均为200 mm×180 mm×25 mm。

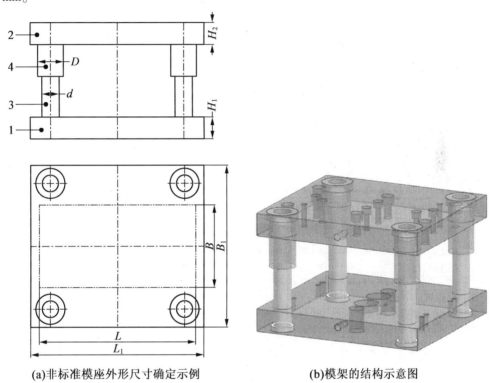

(a)非标准模座外形尺寸确定示例　　　(b)模架的结构示意图

1—下模座;2—上模座;3—导柱;4—导套

图4-22

(2)上、下固定板设计。

当弯曲模的外形尺寸及结构确定后,即可根据图4-22(a)所示的非标准模座外形尺寸确定示例进行上、下固定板的尺寸确定。如图4-21所示,本套模具中上固定板用于固定滑块锁紧块与折弯凸模,下固定板用于固定滑块导向块,为压边圈上限位螺丝与弹簧的安装提供空间。本套模具的上、下固定板尺寸均为200 mm×100 mm×15 mm。

(3)导柱、导套的选用。

本套模具的导柱与导套均为标准件,通过查阅冲压模具设计标准可获得规格如下。

滑动导向导柱 A 20 mm × 130 mm GB/T 2861.1—2008;滑动导向导套 A 20 mm × 32 mm×65 mm GB/T 2861.3—2008。

（4）螺钉、销钉的选用。

全套模具选用 M6 内六角圆柱头螺钉；销钉直径为 $\phi6$ mm 的圆柱形销钉。

4.2.7　选择及校核

1. 冲压力的计算及设备选择

根据第 1 章讲冲裁力的计算可得本套模具所需要的冲裁力为

$$F_总 = 1.7 \times (F_1 + F_2) \times 2 = 1.7 \times (1\ 404 + 27\ 373.14) \times 2 = 1.7 \times 28\ 777.14 \times 2$$
$$= 97\ 842.276(N) \approx 97.84(kN)$$

式中　$F_总$——总冲压力，mm；

　　　F_1——自由弯曲力，kg/mm^2；

　　　F_2——校正弯曲力，kg/mm^2。

故本套模具可选择 JB 23 – 10 压力机或台式冲床，JB 23 – 10 压力机主要参数如下。

公称压力：100 kN；

最大闭合高度：150 mm；

闭合高度调节量：40 mm；

工作台尺寸：240 mm × 360 mm；

工作台落料孔尺寸：100 mm × 180 mm；

模柄孔尺寸：$\phi30$ mm。

2. 设备验收

主要验收平面尺寸和闭合高度。模具采用四角导柱，下模座平面的最大外形尺寸为 200 mm × 180 mm，长度方向单边小于压力机工作台面尺寸 360 mm，下模座的平面尺寸单边大于压力机工作台落料孔尺寸，因此满足模具安装要求。模具的闭合高度为 130.25 mm，小于压力机的最大闭合高度 150 mm，因此所选设备合适。

4.2.8　绘图

如图 4 – 23 所示，当上述各工件设计完成后，即可绘制模具总装配图。

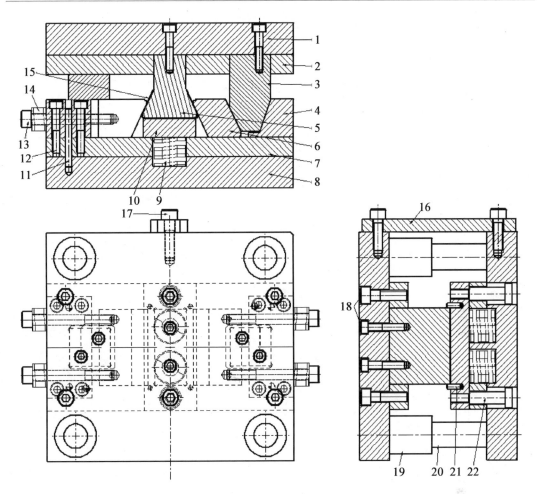

1—上模座;2—上固定板;3—锁紧楔;4—滑块导向块;5—凸模;6—滑块;7—垫块;8—下模座板;9—弹簧;
10—浮升块;11—销钉;12,13,17,18—内六角螺钉;14—滑块复位弹簧;15—工件;
16—锁模块(模具搬运时用);19—导套;20—导柱;21—定位销;22—等高螺丝

图 4 – 23　模具装配图

4.3　弯曲模具制造

　　本套折弯模中,主要是折弯一道工序。所以模具工件加工的关键在折弯凸模、滑块、滑块导向座,其他模板采用铣削及线切割加工,因此加工相对简单。表 4 – 6 ~ 表 4 – 8 列出了折弯凸模、滑块及滑块导向座的加工步骤。

表4-6　折弯凸模加工步骤

工序号	工序名称	工序内容	工序简图(示意图)
1	折弯凸模备料	采购毛坯： 58 mm×60 mm×52 mm 说明：a 常取 1~3 mm，用于线割；b 常取 10~15 mm，用于线切割装夹 材料：Cr12 数量：1件	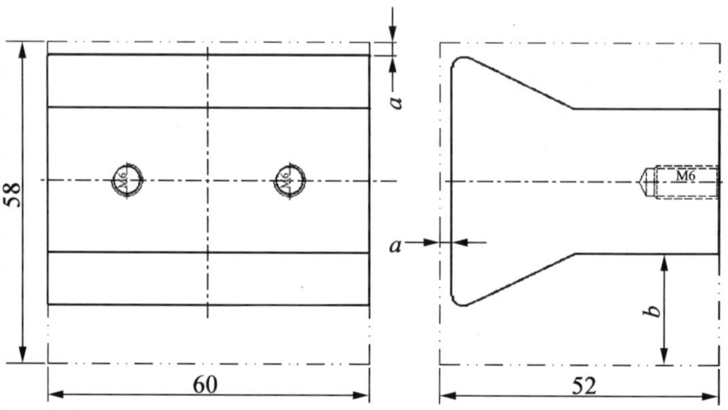
2	加工螺钉孔	按位置加工出螺钉孔	
3	热处理	按热处理工艺，淬火达到 HRC60~64	
4	线切割	按图线切割外形轮廓达到尺寸要求	
5	钳工精修	全面达到设计要求	
6	检验		

表4-7　滑块加工步骤

工序号	工序名称	工序内容	工序简图(示意图)
1	滑块备料	采购毛坯： 58 mm×60 mm×52 mm 说明：a 常取 1~3 mm，用于线割；b 常取 10~15 mm，用于线切割装夹 材料：Cr12 数量：2件	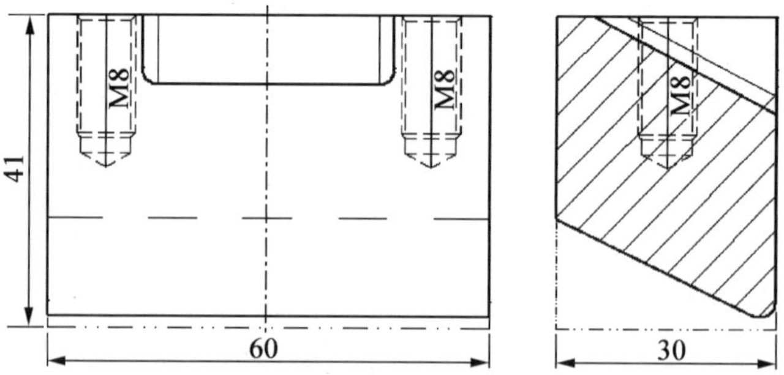
2	加工螺钉孔	按位置加工出螺钉孔	
3	热处理	按热处理工艺，淬火达到 HRC60~64	

续表 4 – 7

工序号	工序名称	工序内容	工序简图(示意图)
4	线切割	按图线切割外形轮廓及锁紧面,达到尺寸要求	
5	钳工精修	全面达到设计要求	
6	检验		

表 4 – 8 滑块导向座加工步骤

工序号	工序名称	工序内容	工序简图(示意图)
1	滑块导向座备料	采购毛坯料:36 mm × 30 mm × 80 mm 材料:P20 数量:1 件	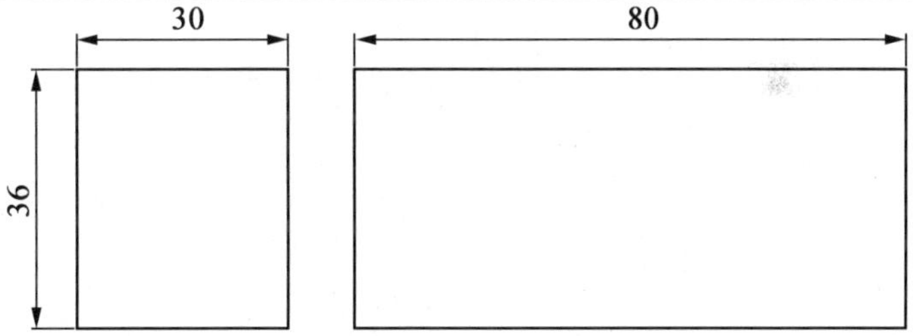
2	加工锁紧楔定位槽	数控铣加工,直接将尺寸加工到位	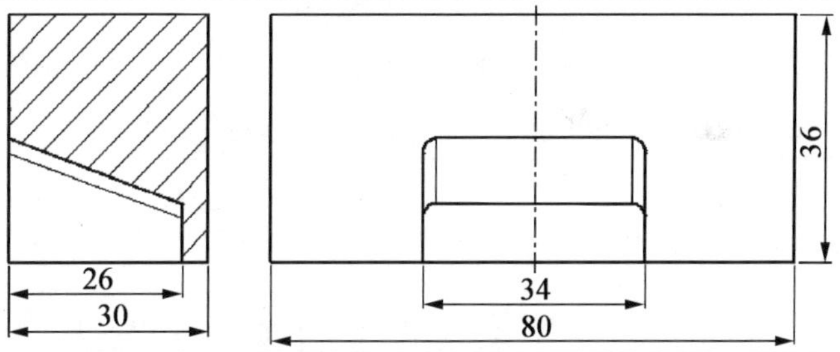
3	加工孔	按位置加工出螺钉过孔及销钉穿丝孔	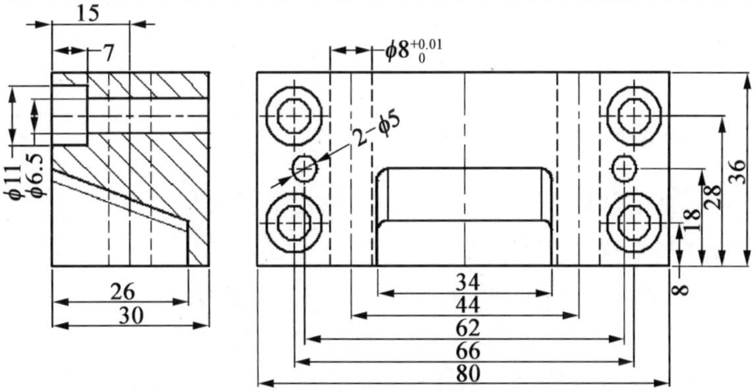
4	钳工精修	全面达到设计要求	
5	检验		

上、下模板,固定板,浮升块以及锁紧楔都属于板类工件,其加工工艺比较简单。大部分特征为孔类,采用线切割及铣削加工即可,此处不再赘述。

4.4　模具的装配

根据单工序折弯模的装配要点,选下模作为装配基准件。先装下模,再装上模,并调整间隙、试冲、返修。模具装配工序见表4-9。

表4-9　模具装配工序

序号	工序	工艺说明
1	凸模及滑块预配	①装配前,仔细检查凸模、滑块及滑块导向座是否符合图纸要求、尺寸精度及形状; ②将凸模分别与滑块相配,检查其间隙是否加工均匀,不合格的应重新修磨或更换
2	装配下模	①将定位销装配到浮升块上; ②将浮升块与下垫板组装到一起,然后放入弹簧,再将下模座板贴在垫上,并锁上等高螺丝; ③将滑块导向座预装到垫板上,确定位置无误后锁上螺丝,装上销钉; ④装配滑块,再在滑块导向螺丝上装上弹簧,并将导向螺丝穿过滑块导向座,锁到滑块上,即完成后模装配
3	装配上模	①先将凸模、滑块锁紧楔装配到上固定板上,查看装配是否符合要求; ②再将第①步中装配好的组合体,安装到上模座上并锁上内六角螺钉并装上销钉
4	试冲与调整	装机试冲并根据试冲结果做相应调整

【知识拓展4】

拓展4-1　弯曲工艺概述

弯曲是利用压力使金属板料、管料、棒料或型材弯成一定的曲率、一定的角度和形状的变形工序。弯曲工艺在冲压生产中占有很大的比例,应用相当广泛,如汽车纵梁,电器仪表壳体,支架,门搭铰链等,都是用弯曲方法成型的。

图4-24所示是用弯曲方法加工的一些典型工件。

弯曲成型既可以利用模具在压力机上进行,也可以在其他专用设备,如弯板机,弯管机,滚弯机上进行。这些弯曲方法尽管使用的毛坯料和采用的工具及设备各不相同,但它们弯曲时的变形规律是一样的。

弯曲工艺所使用的模具称为弯曲模,它是弯曲过程中必不可少的工艺装备。图4-25

是一副常见的 V 形件弯曲模。弯曲开始前,先将平板毛坯放入定位板 10 中定位,然后弯曲凸模 4 下行,与顶杆 7 将板材压住(可防止板材在弯曲过程中发生偏移),实施弯曲,直至板材与弯曲凸模 4、弯曲凹模 3 完全贴紧,最后开模,"V" 形件被顶杆 7 顶出。

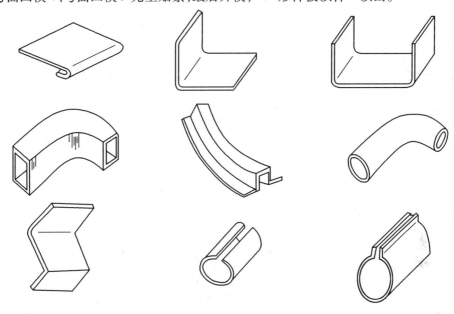

图 4-24　弯曲成型的典型工件

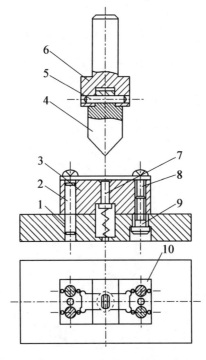

1—下模板;2,5—圆柱销;3—弯曲凹模;4—弯曲凸模;6—模柄;7—顶杆;8,9—螺钉;10—定位板

图 4-25　V 形件弯曲模

拓展4 –2　弯曲模典型结构

1. V形件弯曲模

图4 –26(a)为简单的 V 形件弯曲模,其特点是结构简单、通用性好,但弯曲时坯料容易偏弓,影响工件精度。

图4 –26(b)(c)(d)所示分别为带有定位尖、顶杆、V 形顶板的模具结构,可以防止坯料滑动,确定工件精度。

图4 –26(e)所示为"V"形弯曲模,由于有顶板及定料销,可以有效防止工件弯曲时坯料的偏移,得到边长偏差为 +0.1 mm 的工件。反侧压块的作用是平衡左边弯曲时产生的水平侧向力。

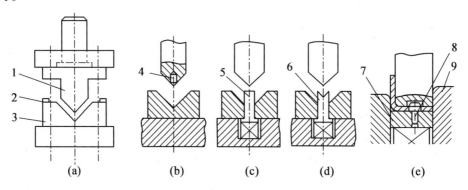

1—凸模;2—定位板;3—凹模;4—定位尖;5—顶杆;6—"V"形顶板;7—顶板;8—定料销;9—反侧压块

图4 –26　V 形弯曲模的一般结构形式

图4 –27 为 V 形精弯模,两块活动凹模 4 通过转轴 5 铰接、定位板(或定位销)3 固定在活动凹模 4 上。弯曲前顶杆 7 将转轴 5 顶到最高位置,使两块活动凹模 4 成一平面。在弯曲过程中坯料始终与活动凹模 4 和定位板 3 接触,以防弯曲过程中坯料的偏移。这种结构特别适用于有精确孔位的小工件、坯料不易放平稳的带窄条的工件以及没有足够压料面的工件。

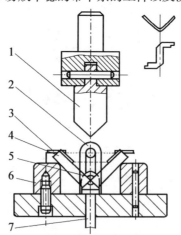

1—凸模;2—支架;3—定位板(或定位销);4—活动凹模;5—转轴;6—支承板;7—顶杆

图4 –27　V 形精弯模

2. U 形件弯曲模

根据弯曲件的要求,常用的 U 形件弯曲模有图 4 - 28 所示的几种结构形式。图 4 - 28 (a)所示为开底凹模,用于底部不要求平整的工件。图 4 - 28(b)用于底部要求平整的弯曲件。图 4 - 28(c)用于料厚公差较大而外侧尺寸要求不高的弯曲件,其凸模为活动结构,可随料厚自动调整凸模横向尺寸。图 4 - 28(d)用于料厚公差较大而内侧尺寸要求较高的弯曲件,凹模两侧为活动结构,可随料厚自动调整凹模横向尺寸。图 4 - 28(e)为 U 形精弯模,两侧的凹模活动镶块用转轴分别与顶板铰接。弯曲前顶杆将顶板顶出凹模面,同时顶板与凹模活动镶块成一平面,镶块上有定位销供工件定位使用。弯曲时工件与凹模活动镶块一起运动,这样就保证了两侧孔的同轴。图 4 - 28(f)为弯曲件两侧壁厚变薄的弯曲模。

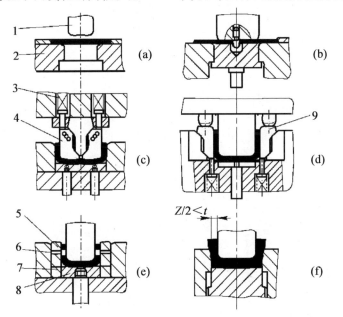

1—凸模;2—凹模;3—弹簧;4—凸模活动镶块;5,9—凹模活动镶块;6—定位销;7—转轴;8—顶板

图 4 - 28　U 形件弯曲模

图 4 - 29 是弯曲角小于 90°的 U 形弯曲模。压弯时凸模首先将坯料弯曲成 U 形,当凸模继续下压时,两侧的转动凹模使坯料最后压弯成弯曲角小于 90°的 U 形件。凸模上升,弹簧使转动凹模复位,工件则由垂直图面方向从凸模上卸下。

3. 带肩 U 形件弯曲模

带肩 U 形弯曲件可以一次弯曲成型,也可以两次弯曲成型。图 4 - 30 为一次成型弯曲模。从图 4 - 30(a)可以看出,在弯曲过程中由于凸模肩部妨碍了坯料的转动,加大了坯料通过凹模圆角的摩擦力,使弯曲件侧壁容易擦伤和变薄。成型后弯曲件两肩部与底面不易平行(图 4 - 29(c)),特别是材料厚、弯曲件直壁高、圆角半径小时,这一现象更为严重。

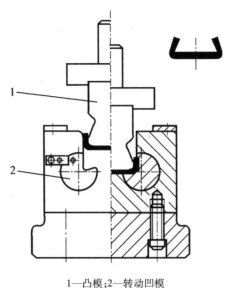

1—凸模;2—转动凹模

图4-29　弯曲角小于90°的"U"形弯曲模

　　图4-31为两次成型弯曲模,由于采用两副模具弯曲,从而避免了上述现象,提高了弯曲件质量。但从图4-31(b)可以看出,只有弯曲件高度 $H > (12 \sim 15)t$ 时,才能使凹模保持足够的强度。

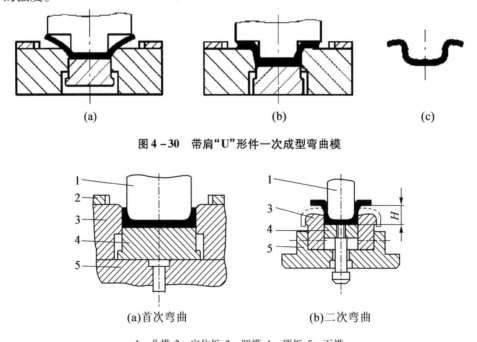

(a)　　　　　　　　　　(b)　　　　　　　　　(c)

图4-30　带肩"U"形件一次成型弯曲模

(a)首次弯曲　　　　　　　　　(b)二次弯曲

1—凸模;2—定位板;3—凹模;4—顶板;5—下模

图4-31　带肩"U"形件两次成型弯曲模

　　图4-32所示为在一副模具中完成两次弯曲的带肩 U 形件复合弯曲模。凸凹模下行,先使坯料凹模压弯成 U 形,凸凹模继续下行与活动凸模作用,最后压弯成带肩 U 形。这种

结构需要凹模下腔空间较大,以便工件侧边的转动。

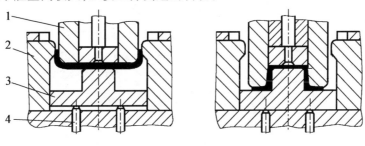

1—凸凹模;2—凹模;3—活动凸模;4—医杆
图 4 – 32　带肩 U 形件复合弯曲模

图 4 - 33 所示为复合弯曲的另一种结构形式。凹模下行,利用活动凸模的弹力先将坯料弯成 U 形。凹模继续下行,当推板与凹模底面接触时,便强迫凸模向下运动,在摆块的作用下最后弯成带肩 U 形,其缺点是模具结构复杂。

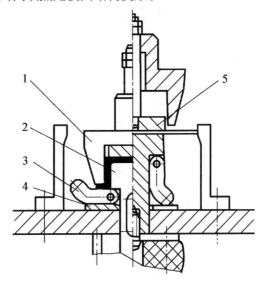

1—凹模;2—活动凸模;3—摆块;4—垫板;5—推板
图 4 – 33　带摆块的带肩"U"形件弯曲模

4. Z 形件弯曲模

Z 形件一次弯曲即可成型,图 4 - 34(a)结构简单。但由于没有压料装置,压弯时坯料容易滑动,只适用于要求不高的工件。

图 4 - 34(b)为有顶板和定位销的 Z 形件弯曲模,能有效防止坯料的偏移。反侧压块的作用是克服上、下模之间水平方向的错移力,同时也为顶板导向,防止其窜动。

图 4 - 34(c)所示的 Z 形件弯曲模,在冲压前活动凸模 10 在橡胶 8 的作用下与凸模 4 端面齐平。冲压时活动凸模 10 与顶板 1 将坯料压紧,由于橡胶 8 产生的弹压力大于顶板 1 下方缓冲器所产生的弹顶力,推动顶板下移使坯料左端弯曲。当顶板接触下模座 11 后,橡胶 8

压缩,则凸模 4 相对于活动凸模 10 下移将坯料右端弯曲成型。当压块 7 与上模座 6 相碰时,整个工件得到校正。

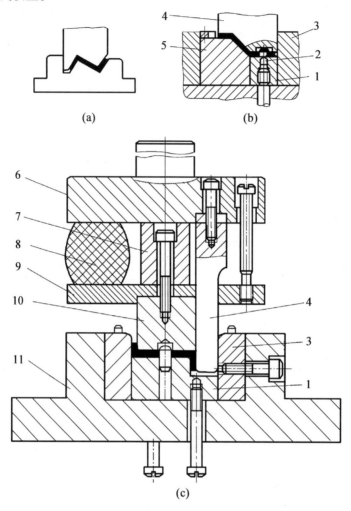

1—顶板;2—定位销;3—反侧压块;4—凸模;5—凹模;6—上模座;7—压块;

8—橡胶;9—凸模托板;10—活动凸模;11—下模座

图 4 – 34　"Z"形件弯曲

5. 圆形件弯曲模

圆形件的尺寸大小不同,其弯曲方法也不同,一般按直径分为小圆和大圆两种。

(1)直径 $d \leqslant 5$ mm 的小圆形件。

弯小圆的方法是先弯成 U 形,再将 U 形弯成圆形。用两套简单模弯圆的方法如图 4 – 35(a)所示。由于工件小,分两次弯曲操作不便,故可将两道工序合并。图 4 – 35(b)为有侧楔的一次弯圆模,上模下行,芯棒先将坯料弯成 U 形,上模继续下行,侧楔推动活动凹模将 U 形弯成圆形。图 4 – 35(c)所示的也是一次弯圆模。上模下行时,压板将滑块往下压,滑块带动芯棒将坯料弯成 U 形。上模继续下行,凸模再将 U 形弯成圆形。如果工件精度要求高,可以旋转工件连冲几次,以获得较好的圆度,工件由垂直图面方向从芯棒上取下。

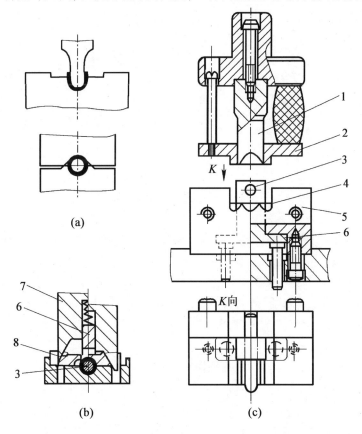

1—凸模;2—压板;3—芯棒;4—坯料;5—凹模;6—滑块;7—楔模;8—活动凹模

图 4 – 35　小圆弯曲模

(2)直径 $d \geqslant 20$ mm 的大圆形件。

图 4 – 36 所示为用三道工序弯曲大圆的方法,这种方法生产率低,适用于材料厚度较大的工件。

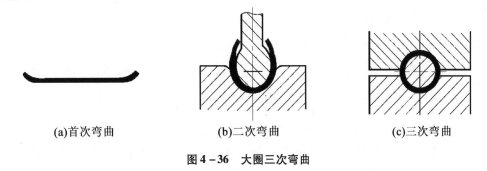

(a)首次弯曲　　　　　　　(b)二次弯曲　　　　　　(c)三次弯曲

图 4 – 36　大圈三次弯曲

图 4 – 37 所示为用两道工序弯曲大圆的方法,先预弯成三个 120°的波浪形,然后再用第二套模具弯成圆形,工件顺凸模轴线方向取下。

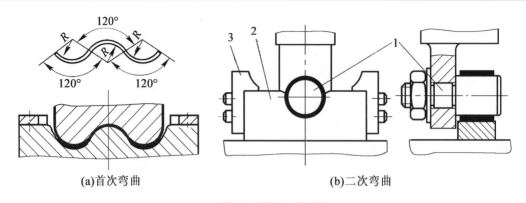

(a)首次弯曲　　　　　　　　　(b)二次弯曲

1—凸模;2—凹模;3—定位板

图 4 - 37　大圆两次弯曲模

图 4 - 38(a)所示为带摆动凹模的一次弯曲成型模,凸模下行,先将坯料压成 U 形,凸模继续下行,摆动凹模将 U 形弯成圆形,工件顺凸模轴线方向推开支撑取下。这种模具生产率较高,但由于回弹在工件接缝处留有缝隙和少量直边,工件精度差,模具结构也较复杂。图 4 - 38(b)是坯料绕芯棒卷制圆形件的方法。反侧压块的作用是为凸模导向,并平衡上、下模之间水平方向的错移力。模具结构简单,工件的圆度较好,但需要行程较大的压力机。

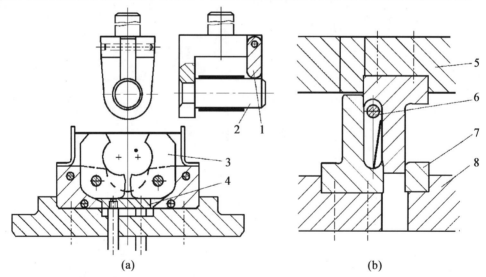

(a)　　　　　　　　　　　　　(b)

1—支撑柱;2—凸模;3—摆动凹模;4—顶板;5—上模座;6—芯棒;7—反侧压块;8—下模座

图 4 - 38　大圆一次弯曲成型模

图 4 - 39 所示为常见的铰链件形式和弯曲工序的安排。预弯模如图 4 - 40 所示,卷圆通常采用推圆法。图 4 - 40(b)是立式卷圆模,结构简单。图 4 - 40(c)是卧式卷圆模,有压料装置,工件质量较好,操作方便。

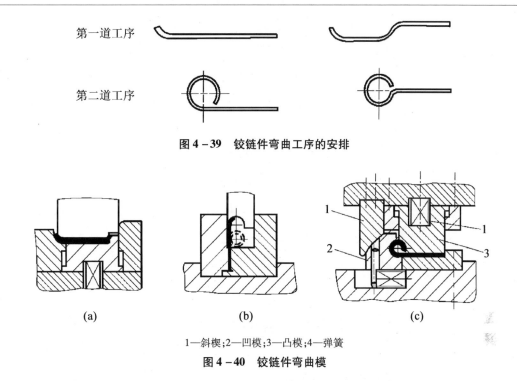

第一道工序

第二道工序

图 4 - 39　铰链件弯曲工序的安排

(a)　　　　　　　(b)　　　　　　　(c)

1—斜楔；2—凹模；3—凸模；4—弹簧

图 4 - 40　铰链件弯曲模

6. 其他形状弯曲件的弯曲模

对于其他形状弯曲件，由于品种繁多，其工序安排和模具设计需要根据弯曲件的形状、尺寸、精度要求，材料的性能以及生产批量等来综合考虑，不可能有一个统一不变的弯曲方法。

图 4 - 41 ~ 4 - 43 是几种工件弯曲模的例子。

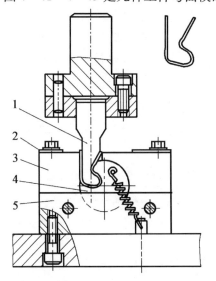

1—凸模；2—定位板；3—凹模；4—滚轴；5—挡板

图 4 - 41　滚轴式弯曲模

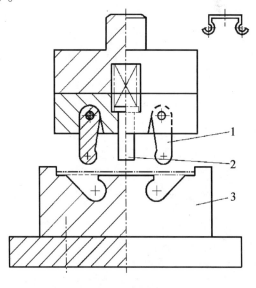

1—摆动凸模；2—压料装置；3—凹模

图 4 - 42　带摆动凸模弯曲模

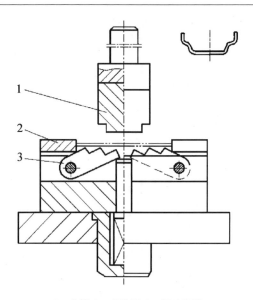

1—凸模；2—定位板；3—摆动凹模

图 4 – 43　带摆动凹模的弯曲模

拓展 4 – 3　弯曲的变形分析

1. 弯曲的变形过程

图 4 – 44 所示为板料弯曲成 V 形件的成型过程。在弯曲开始阶段，当凸模下压与板料接触时，在此接触部分便加上了集中载荷，此载荷与对毛坯起支撑作用的凹模肩部的支撑力构成弯矩，使毛坯产生弯曲。随着凸模的下压，毛坯与凹模工作表面逐渐靠紧，弯曲半径由 r_0 变为 r_1，弯曲力臂也由 $L_0/2$ 变为 $L_1/2$；凸模继续下压，毛坯弯曲半径继续减小，直到毛坯与凸模三点接触，此时曲率半径已由 r_1 变为 r_2，毛坯的直边部分开始向回弯曲，逐步贴向凹模工作表面，到行程终止时，凸、凹模对毛坯进行校正，使其圆角、直边与凸模全部贴合，最终形成 V 形弯曲件。

2. 弯曲的变形特点

为了分析板料在弯曲时的变形情况，可在一定厚度的板料侧面画出正方形网格，然后将板料进行弯曲，如图 4 – 45 所示。

观察网格的变化，可以看出弯曲时工件变形的特点。

（1）弯曲时，在弯曲角 α 的范围内，网格发生显著变化，而直边部分网格基本不变。因而可知，弯曲变形仅发生在弯曲件的圆角部分，直边部分不产生塑性变形，即弯曲时，圆角部分是变形区，直边部分是不变形区。

（2）分析网格的纵向线条可以看出，变形区内侧网网格线缩短，外侧网网格线伸长，即在弯曲变形区内，纤维沿纵向变形是不同的。内侧材料沿纵向受到压缩，外侧材料受到拉伸，且压缩与拉伸的程度都是表层最大，向中间逐渐减小。在内、外侧之间必然存在着一个长度保持不变的中性层。

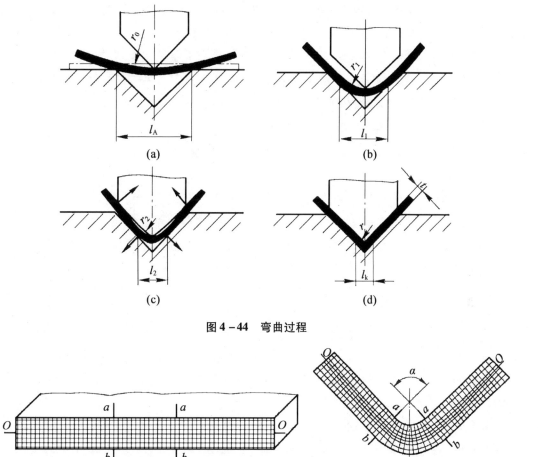

图 4 - 44 弯曲过程

图 4 - 45 弯曲变形分析

(3)弯曲变形区的断面形状变化由图 4 - 46 可见,变形有两种情况。

①窄板($b \leqslant 3t$)变形区断面畸变明显,由原来的矩形弯成上大下小的扇形,如图 4 - 46(a)所示,这是由于内侧金属受纵向压缩,内层材料必向宽度方向流动,使工件的横向宽度增加,外层材料受到切向拉伸后,材料的不足便由宽度、厚度方向来补充,致使宽度变窄。

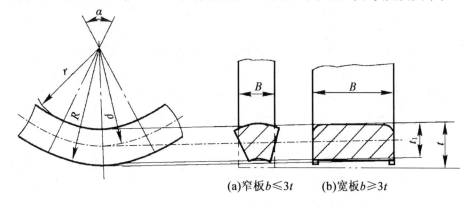

(a)窄板 $b \leqslant 3t$ (b)宽板 $b \geqslant 3t$

图 4 - 46 弯曲件剖面的变形

②宽板($b > 3t$)变形区断面无明显形变,仍为矩形,如图 4 – 46(b)所示。这是由于板料宽度较宽,在宽度方向不能自由变形所致。

(4)弯曲变形区内毛坯厚度有变薄现象。无论是窄板还是宽板,其原始厚度 t_0 变薄为 t_1。由于宽板弯曲,宽向不能自由变形,而变形区又变薄,故其长度方向必然会增加。

此外,弯曲后工件的角度和圆角半径也往往与模具不一致。

3. 弯曲工件的工艺性

对弯曲件的工艺分析应遵循弯曲过程变形规律,通常主要考虑如下几个方面。

(1)最小弯曲半径。

由分析可知,相对弯曲半径 r/t 越小,弯曲时切向变形程度越大。当 r/t 小到一定值后,板料的外侧将超过材料的最大许可变形而产生裂纹。在板料不发生破坏的条件下,所能弯成工件内表面的最小圆角半径称为最小弯曲半径 r_{min},并用它来表示弯曲时的成型极限。

①影响最小弯曲半径的因素。

a. 材料的力学性能。材料的塑性越好,塑性变形的稳定性越强(均匀伸长率 δ_b 越大),许可的最小弯曲半径就越小。

b. 材料表面和侧面的质量。当材料表面和侧面(剪切断面)的质量差时,容易造成应力集中并降低塑性变形的稳定性,使材料过早地被破坏。对于冲裁或剪裁坯料,若未经退火,由于切断的面存在冷变形硬化层,就会使材料塑性降低。在上述的情况下应选用较大的最小弯曲半径。

c. 弯曲线的方向。轧制钢板具有纤维组织,顺纤维方向的塑性指标高于垂直纤维方向的塑性指标。当工件的弯曲线与材料的纤维方向垂直时,可具有较小的最小弯曲半径(图 4 – 47(a))。反之,工件的弯曲线与材料的纤维平行时,其最小弯曲半径则大(图 4 – 47(b))。因此,在弯制 r/t 较小的工件时,其排样应使弯曲线尽可能垂直于材料的纤维方向,若工件有两个互相垂直的弯曲线,应在排样时使两个弯曲线与材料的纤维方向成 45°的夹角(图 4 – 47(c)),而在 r/t 较大时,可以不考虑纤维方向。

d. 弯曲中心角 α。理论上弯曲变形区外表面的变形程度只与 r/t 有关,而与弯曲中心角 α 无关。但实际上,由于接近圆角的直边部分也产生一定的切向伸长变形(即扩大了弯曲变形区的范围),从而使变形区的变形得到一定程度的减轻,所以最小弯曲半径可以小一些。弯曲中心角越小,变形分散效应越显著。当 $\alpha > 70°$ 时,其影响明显减弱。

②最小弯曲半径 r_{min} 的数值。由于上述各种因素的影响十分复杂,所以最小弯曲半径的数值一般用试验方法确定。各种金属材料在不同状态下的最小弯曲半径的数值参见表 4 – 10。

③提高弯曲极限变形程度的方法。一般情况下不宜采用最小弯曲半径。当工件的弯曲半径小于表 4 – 10 所列数值时,为提高弯曲极限变形程度,常采取以下措施。

a. 经冷变形硬化的材料,可采用热处理的方法恢复其塑性,再进行弯曲。

b. 清除冲裁毛刺,当毛刺较小时也可以使有毛刺的一面处于弯曲受压的内缘(即有毛刺的一面朝向弯曲凸模),以免应力集中而开裂。

c. 对于低塑性的材料或厚料,采用加热弯曲。

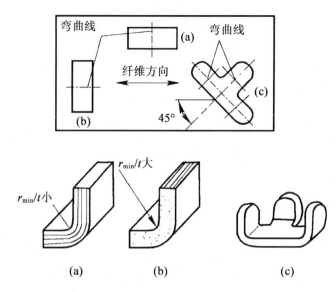

图 4-47 纤维方向对r_{min}/t的影响

d. 采取两次弯曲的工艺方法,即第一次采用较大的弯曲半径,然后退火;第二次再按工件要求的弯曲半径进行弯曲。这样就使变形区域扩大,从而减小外层材料的伸长率。

e. 对于较厚材料的弯曲,如结构允许,可以采取先在弯角内侧开槽后再进行弯曲的工艺(图 4-48)。

表 4-10 最小弯曲半径r_{min}

材料	退火状态		冷作硬化状态	
	弯曲线的位置			
	垂直纤维	平行纤维	垂直纤维	平行纤维
08、10、Q195、Q215	0.1t	0.4t	0.4t	0.8t
15、20、Q235	0.1t	0.5t	0.5t	1.0t
25、30、Q255	0.2t	0.6t	0.6t	1.2t
35、40、Q275	0.3t	0.8t	0.8t	1.5t
45、50	0.5t	1.0t	1.0t	1.7t
55、60	0.7t	1.3t	1.3t	2.0t
铝	0.1t	0.35t	0.5t	1.0t
纯铜	0.1t	0.35t	1.0t	2.0t
软黄铜	0.1t	0.35t	0.35t	0.8t
半硬黄铜	0.1t	0.35t	0.5t	1.2t
磷铜	—	—	1.0t	3.0t

注:1. 当弯曲线与纤维方向成一定角度时,可采用垂直和平行纤维方向二者的中间值。

2. 在冲裁或剪切后没有退火的毛坯弯曲时,应作为硬化的金属选用。

3. 弯曲时应使有毛刺的一边处于弯角的内侧。

4. 表中 t 为板料厚度

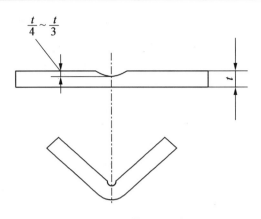

图 4 - 48　开槽后进行弯曲

（2）弯曲件的最小弯曲高度。

在进行直角弯曲时，如果弯曲的直立部分过小，将产生不规则变形，或称为稳定性不好。为了避免这种情况，应当按图 4 - 49 所示，使直立部分的高度 $H \geqslant 2.5t$。当 $H < 2.5t$ 时，则应在弯曲部位加工出槽，使之便于弯曲，或者加大此处的弯边高度 H，在弯曲后再截去加高的部分。

图 4 - 49　弯边高度

（3）弯曲件的工艺孔、槽及缺口。

在一些弯曲工件的工艺设计中，为了防止材料在弯曲处因受力不均匀而产生裂纹、角部畸变等缺陷，应预先在工件上设置弯曲工艺所要求的孔、槽或缺口，即所谓工艺孔、工艺槽或工艺缺口，否则压弯后难以形成理想的直角，甚至产生裂纹或使支架在 H 处变宽（图 4 - 50（a））。若在该处弯曲前加工出尺寸为 $M \times N$ 的缺口，则能得到较好的弯曲成型。在弯曲处 K（图 4 - 50（b））预冲工艺孔可以防止偏移，得到正确的形状和尺寸。

对于需经过多次弯曲才能成型的工件，可增加定位工艺孔（图 4 - 50（c）），作为压弯工序的定位基准，这样虽然经过多次弯曲工序，仍能保证其对称性和尺寸要求。

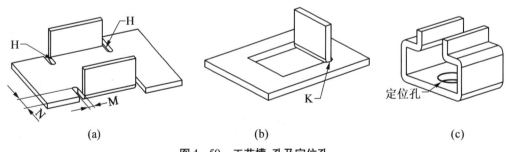

（a）　　　　　　　　　（b）　　　　　　　　　（c）

图 4 - 50　工艺槽、孔及定位孔

(4)弯曲件的孔与弯曲处的最小距离。

工件在弯曲线附近有预冲出的孔,在弯曲后由于弯曲时材料的流动,会使原有的孔变形。为了避免这种情况,必须使这些孔分布在变形区以外的部位。设孔的边缘至弯曲半径 R 中心的距离为 l,则应满足下列关系:

$$当 t < 2 \text{ mm 时}, l \geqslant t$$
$$当 t > 2 \text{ mm 时}, l \geqslant 2t$$

工件不能满足上述要求时,可采用其他的方法,以保证孔形的正确性。

(5)弯曲件的冲裁毛刺与弯曲方向。

弯曲件的毛坯往往是经冲裁落料而成的,其冲裁的断面一面是光亮的,另一面是有刺的。弯曲件尽量使有毛刺的一面作为弯曲件的内侧,如图 4-51(a)所示,当弯曲方向必须将毛刺面置于外侧时,应尽量加大弯曲半径,如图 4-51(b)所示。

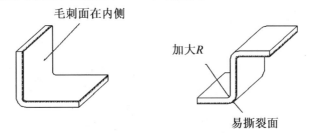

图 4-51　毛刺方向的安排

拓展 4-4　弯曲模零部件设计

1. 弯曲模设计要求

弯曲模结构设计应在选定弯曲工艺方案的基础上进行,为了保证达到工件的要求,在进行弯曲模结构设计时,必须注意以下几点。

(1)毛坯放置在模具上,应保证可靠的定位;

(2)在弯曲过程中,应防止的滑动和偏移;

(3)为了减少和消除弯曲后的回弹,在变形结束时应使工件在模具中得到校正;

(4)弯曲模的结构应考虑到制造和维修中消除回弹的可能;

(5)毛坯放到模具上和弯曲成型后,从模具中取出应方便;

2. 弯曲模工作部分尺寸计算

弯曲的过程中,凸模与凹模之间的间隙一般按下列方式确定:弯曲 V 形工件时,凸凹模间隙是靠调整压力机闭合高度来控制的,不需要在模具结构上确定间隙。U 形件的弯曲,则必须选择适当的间隙,间隙的大小对于工件质量和弯曲力有很大影响,间隙越小,弯曲力越大;间隙过小,会使工件壁变薄,并降低凹模寿命;间隙过大则回弹较大,还会降低工件的精度。

(1)弯曲模工件部分尺寸计算。

弯曲有色金属时,间隙值用下式计算:

$$Z/2 = T_{\min} + nt$$

弯曲黑色金属时,间隙值用下式计算:

$$Z/2 = t(1 + n)$$

式中　$Z/2$——凸、凹模间的单面间隙;

　　　$T_{\min}$——材料的最小厚度;

　　　t——材料的公称厚度;

　　　n——因子,其与弯曲件高度 H 和弯曲线长度 B 有关,见表 4 – 11。

(2)凸凹模工作部位尺寸。

由于弯曲件尺寸的标注和尺寸的允许偏差不同,所以凸凹模工作部位尺寸的计算方法也不同。对于表示外形有正确尺寸的工件,其模具的尺寸如图 4 – 52 所示,计算公式如下:

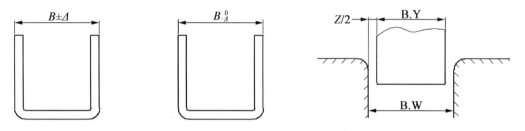

图 4 – 52　要求工件外形有正确尺寸的模具尺寸

表 4 – 11　因子 n 值

弯曲件高度 /mm	材料厚度 t/mm								
	<0.5	0.5 ~ 2	2 ~ 4	4 ~ 5	<0.5	0.5 ~ 2	2 ~ 4	4 ~ 7.5	7.5 ~ 12
	$B \leqslant 2H$				$B > 2H$				
10	0.050	0.050	0.04	—	0.10	0.10	0.08	—	—
20	0.05	0.05	0.04	0.03	0.10	0.10	0.08	0.06	0.06
35	0.07	0.05	0.04	0.03	0.15	0.10	0.08	0.06	0.06
50	0.10	0.07	0.05	0.04	0.20	0.15	0.10	0.06	0.06
75	0.10	0.07	0.05	0.05	0.20	0.15	0.10	0.10	0.08
100	—	0.07	0.05	0.05	—	0.15	0.10	0.10	0.08
150	—	0.10	0.07	0.05	—	0.20	0.15	0.10	0.10
200	—	0.10	0.07	0.07	—	0.20	0.15	0.15	0.10

工件尺寸标注双向偏差时,凹模尺寸为

$$B_{凹} = \left(B - \frac{1}{2}\Delta \right) + \delta_{0凹}$$

工件尺寸标注单向偏差时,凹模尺寸为

$$B_{凹} = \left(B - \frac{3}{4}\Delta \right) + \delta_{0凹}$$

凸模尺寸 $B_{凸}$ 根据单面间隙 $\dfrac{Z}{2}$ 按凹模尺寸配制。图 4 – 53 所示为要求内形有正确尺寸的工件。

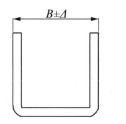 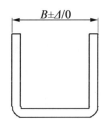 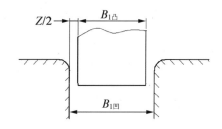

图 4-53 要求工件内形有正确尺寸的模具尺寸

工件尺寸标注双向偏差时,凸模尺寸为

$$B_{1凸} = \left(B_1 + \frac{1}{2}\Delta \right) - \delta_{0凸}$$

工件尺寸标注单向偏差时,凸模尺寸为

$$B_{1凸} = \left(B_1 + \frac{3}{4}\Delta \right) - \delta_{0凸}$$

凹模尺寸 $B_{1凹}$ 应根据单面间隙 $Z/2$ 按凸模配制。

式中 $B_{凹}$、$B_{1凹}$——凹模工作部位尺寸,mm;

  $B_{凸}$、$B_{1凸}$——凸模工作部位尺寸,mm;

  B、B_1——弯曲件的尺寸,mm;

  Δ——弯曲件的尺寸公差,mm;

  Z——凸模与凹模的双面间隙,mm;

  $\delta_{0凸}$、$\delta_{0凹}$——凸模、凹模的制造偏差,mm。

(3)模具圆角半径的确定。

①凸模圆角半径。一般情况下,凸模圆角半径等于或略小于工件内侧的圆角半径。对于工件圆半径较大($R/t > 10$),而且精度要求较高时,应考虑回弹的影响,将凸模圆角半径根据回弹角的大小做相应的调整,以补偿弯曲的回弹量。

②凹模圆角半径。工件在压弯过程中,凸模将工件压入凹模而成型,凹模口部的圆角半径 $R_{凹}$ 对于弯曲力和工件质量产生的影响不明显,凹模圆角半径 $R_{凹}$ 的大小与材料进入凹模的深度、弯边高度和材料厚度有关(图 4-54),在一般情况下,可用下列公式确定 $R_{凹}$:

$$R_{凹} = (2 \sim 6)t$$

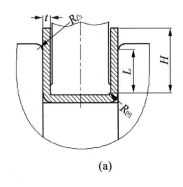 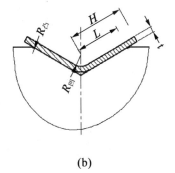 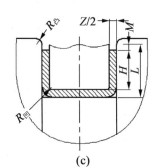

(a)   (b)   (c)

图 4-54 压弯部分尺寸

在实际应用中也可根据工件的弯边高度 H 和弯曲深度 L 以及材料厚度 t 等因素,按表 4 - 12 选取 $R_{凹}$ 值。

表 4 - 12　凹模圆角半径 $R_{凹}$ 选用表　　　　　　　　　　mm

弯边高度 H	材料厚度 t							
	< 0.5		0.5 ~ 2		2.0 ~ 4.0		4.0 ~ 7.0	
	L	$R_{凹}$	L	$R_{凹}$	L	$R_{凹}$	L	$R_{凹}$
10	6	3 3 4 5 6	10	3	10	4	—	
20	8		12	4	15	5	20	
35	12		15	5	20	6	25	
50	15		20	6	25	8	30	
75	20		25	8	30	10	35	
100	—		30	10	35	12	40	
150	—		35	12	40	15	50	
200	—		45	15	55	20	65	

对于校正弯曲,如图 4 - 53(c)所示,图中凹模 M 值可根据材料厚度在表 4 - 13 中选取。

表 4 - 13　校正弯曲时 M 值的选用表　　　　　　　　　　mm

材料厚度 t/mm	<1	1 ~ 2	2 ~ 3	3 ~ 4	4 ~ 5	5 ~ 6	6 ~ 7	7 ~ 8	8 ~ 10
M	3	4	5	6	8	10	15	20	25

项目 5　手机保护套拉深模具设计与制造

5.1　设计任务

工件名称:手机保护套
材料:H62 黄铜
材料厚度:0.5 mm
生产量:3 万件
技术要求:
1. 未注公差按 IT14 级处理;
2. 平面不允许翘曲。

5.2　手机保护套拉深模具设计

5.2.1　工件的工艺性分析

1. 结构工艺性

图 5-1 所示为手机保护套成品图,属于较典型方形件拉深,形状简单对称,所有尺寸均为自由公差,对工件厚度变化也没有要求,只是该工件作为手机保护套,外形尺寸 70.5 与 35.5 可稍大些。而工件总高度尺寸 8 mm 可在拉深后采用修边达到要求。

2. 精度

该工件的尺寸公差按 IT14 级处理,因此可以通过普通拉深方式保证工件的精度要求。

3. 原材料

H62 黄铜塑性、韧性很好,抗拉强度 $\sigma_b \geqslant 335$ MPa,屈服强度 $\sigma_s \geqslant 205$ MPa,适合冲裁加工。
综上所述,该工件具有良好的冲裁工艺性,适合冲裁加工。

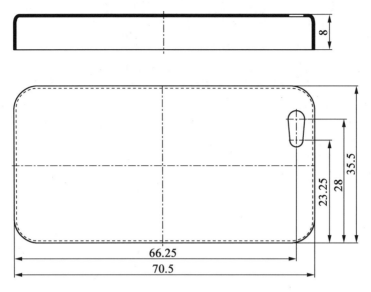

图 5 - 1　产品工件图

5.2.2　成型工艺方案确定

该工件包括落料、拉深、冲孔三个基本工序,可有以下三种工艺方案。

方案一:先落料,后拉深与冲孔同时进行,采用拉深 - 冲孔复合模生产。

方案二:落料、拉深、中孔复合冲压,采用复合模生产。

方案三:拉深级进冲压,采用级进模生产。

方案一模具结构简单,但需两道工序两副模具,生产效率低,可以满足该工件小批量生产的要求。方案二只需要一副模具,生产效率较高,尽管模具结构较方案一复杂,但由于工件的几何形状简单对称,模具制造并不困难。方案三也只需要一副模具,生产效率高,但模具结构比较复杂,送进操作不方便,而且工件尺寸偏大。通过对上述三种方案的分析比较,为了模具便于维修,决定采用方案一。

5.2.3　模具总体设计

1. 模具类型的确定

由冲压工艺分析可知,该工件需要采用复合冲压成型,所以模具类型为冲孔 - 拉深复合模。如图 5 - 2 所示。

2. 定位方式

该工件的第 1 套工序为落料,本套模具的坯料为第一套工序的落料,所以工件拉伸时需要设计定位方式,如图 5 - 3 所示。

3. 卸料、出件方式的选择

如图 5 - 4 所示,本套模具的卸料方式分为两个部分:一部分在上模,当工件拉伸后会沉入凸凹模,为了顺利取出工件,通过弹簧驱动卸料块并将工件顶出,同时用等高套控制卸料块的顶出行程;另一部分在下模,当工件成型后会粘在凸模上,此时需要设计压边圈,将工件从凸模上脱下。

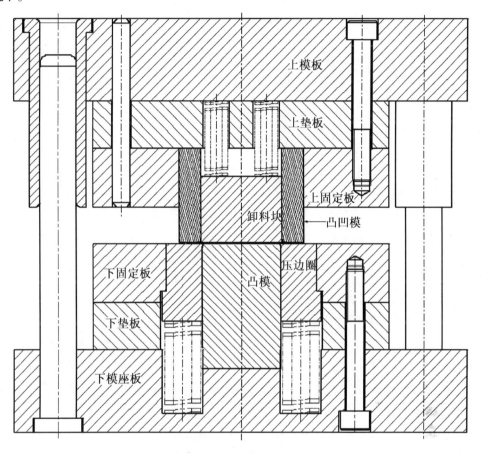

图 5-2 模具类型确定

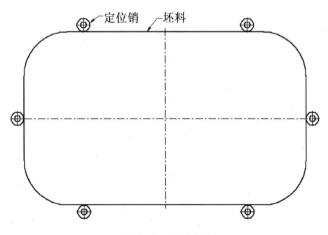

图 5-3 坯料定位

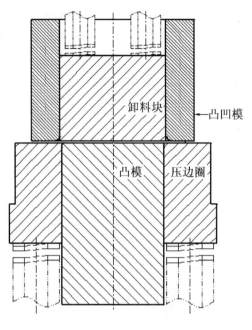

图 5-4　卸料、出件方式确定

4. 模架及其他零部件的选用

由于工件的结构简单,大批量生产都使用导向装置。导向装置主要有滑动式导柱导套结构和滚动式导柱导套结构。该工件承受侧压力不大,为了加工装配方便,易于标准化,决定使用滑动式导柱导套结构。由于工件受力不大,精度要求也不高,同时为了节约生产成本,简化模具结构,降低模具制造难度,方便安装调整,故采用四角导柱导套式模架。

在板块的选择上,因采用自动卸料,故上模部分设计有卸料板及上模垫板。模具在成型过程中需要将坯料压紧,故下模部分设计压边圈及下模垫板。由此构成了如图 5-5 所示的模架。由上至下,模板名称依次为上模座板,上模垫板,卸料板,压边圈,下垫板,下模座板。

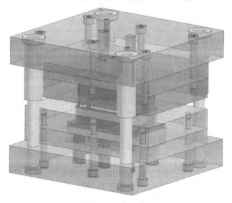

图 5-5　模架结构

5.2.4　拉伸件主要设计计算

1. 坯料尺寸计算

当工件的横截面是圆形、椭圆形和方形时,毛坯的形状基本上也应是圆形、椭圆形和近似方形。拉伸件毛坯的形状一般与工件的横截面形状相似。

毛坯尺寸的确定方法很多,有等质量法、等体积法、等面积法等。拉伸件的毛坯尺寸如果仅用理论方法确定并不十分准确,特别是一些复杂形状的拉伸件,用理论方法确定十分困难,通常是在已做好的拉伸模中对已由理论分析初步确定的毛坯来试压、修改,直到工件合格后才将毛坯形状确定下来,再做落料模。注意毛坯的轮廓周边必须制成光滑曲线,且无急剧转折。在不变薄拉深中,一般按"毛坯的面积等于工件的面积"的等面积法来确定各类拉伸件的毛坯尺寸。

2. 盒形件的毛坯尺寸计算

盒形拉伸件的变形是不均匀的,圆角部分变形大,直边部分变形小。拉伸过程中,圆角部分和直边部分必然存在着相互的影响,影响程度随盒形的不同而不同。当相对圆角半径 r_m/B(r_m 为盒形件的圆角半径,B 为盒形件短边边长)越小时,直边部分对圆角部分的影响就越大;相对高度 H/B(H 为盒形件的高度)越大时,圆角部分对直边部分的影响也越大。

盒形拉深件的毛坯形状和尺寸随着 H/B 和 r_m/B 的不同而变化,这两个因素决定了圆角部分材料向直边部分转移的程度和直边部分高度的增加量。

(1)一次成型的低盒形件毛坯的计算。

这类工件拉深时有微量材料从圆角部分转移到直边部分,因此可认为圆角部分发生拉伸变形,直边部分只是弯曲变形。图 5-6 所示的盒形件一次拉深成型,其毛坯的计算如下。

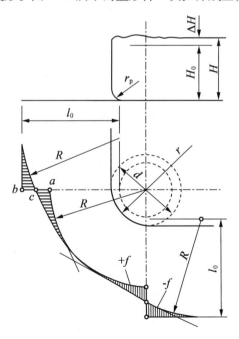

图 5-6　低矩形盒毛坯作图法

①直边部分按弯曲计算展开长度 l_0，其式为

$$l_0 = H + 0.57r_{\mathrm{p}}$$
$$H = H_0 + \Delta H$$

式中　l_0——盒形件的高度，mm；

　　　r_{p}——盒形件底部的圆角半径，mm。

②设想把盒形件四个圆角合在一起，共同组成一个圆筒，展开半径为 R，其计算式为

$$R = \sqrt{r_{\text{角}}^2 + 2\,r_{\text{角}}H - 0.86\,r_{\text{底}} - 0.14\,r_{\text{底}}^2}$$

当 $r_{\text{角}} = r_{\text{底}} = r$ 时，其计算式为

$$R = \sqrt{2rH}$$

③按所计算的 l_0 和 R 作毛坯图。

④由于拉深件的毛坯轮廓周边要求制成光滑曲线，无急剧转折，因此要对毛坯图作修正。过线段 ab 和 a_1b_1 的中点向 R 圆弧作切线，并用半径为 R 的圆弧连接切线与直边，如此看出，增加的面积与减少的面积基本是相等的，拉深后可不必修边。若工件要求高，有修边要求，修边余量要计入工件的高度，在这种情况下，展开坯料可简化为切去 4 个角的矩形平板毛坯，从而简化了落料凸、凹模型面的加工。图 5-7 所示为一次拉成的低盒形件毛坯。

（2）多次拉深的高盒形件的毛坯计算。

高盒形件拉深时，圆角部分有大量的材料向直边部分流动，直边部分拉深变形也大，这类工件的毛坯形状可为圆形或长圆形。

①多次拉深的高正方盒形件的毛坯，如图 5-7 所示。

正方盒形件的毛坯是圆形的，用等面积方法求出毛坯直径 D，其计算式为

$$D = 1.13\sqrt{B^2 + 4B(h - 0.43)r_{\mathrm{p}} - 1.72r(h + 0.5r) - 4r_{\mathrm{p}}(0.11r_{\mathrm{p}} - 0.18r)}$$

②多次拉深的高盒形件的毛坯，如图 5-8 所示。坯料采用长圆形或椭圆形，坯料窄边的曲率半径按半个方盒计算，即取 $R' = D/2$，圆弧中心离工件短边的距离为 $B/2$。

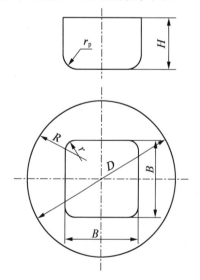

图 5-7　低盒形件毛坯

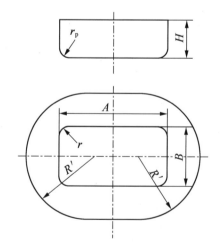

图 5-8　高矩形盒的毛坯

3. 盒形件的多次拉深

盒形件初次拉深的极限变形程度,可用其相对高度 h/r 表示,当工件的实际相对高度 h/r 小于盒形件初次拉深最大相对高度 $[h/r]$ 时,工件可以一次成型。反之,则需要多次拉深。

盒形件的再次拉深时所用的工件是已经形成直立侧壁的空间体,其变形情况如图 5 – 9 所示,工件底部和已经进入凹模的高度为 h_2 的侧壁是不应产生塑性变形的传力区;与凹模的端面接触,宽度为 b 的环形凸缘是变形区;高度为 h_1 的直立侧壁是待变形区。在拉深过程中随着凸模的向下运动,高度 h_2 不断地增大,而高度 h_1 则逐渐减小,直到坯料全都进入凹模并形成冲裁件的侧壁。假如变形区内圆角部分和直边部分的拉深变形(指切向压缩和径向伸长变形)大小不同,必然引起变形区各部分在宽度 b 的方向上产生不同的伸长变形。由于这种沿坯料周边在宽度方向上发生的不均匀伸长变形受到高度为 h_1 的待变形区侧壁的阻碍,在伸长变形较大的部位上要产生附加压应力,而在伸长变形较小的部位上要产生附加拉应力。附加应力的作用可能引起对拉深过程的进行和对拉深件质量都很不利的结果:在伸长变形较大并受附加压应力作用的部位上产生材料的堆聚或横向起皱;在伸长变形较小并受附加拉应力作用的部位上发生坯料的破裂或厚度的过分变薄等。因此,保证拉深变形区内各部分的伸长变形均匀一致,而且不产生材料的局部堆聚和其他部位过大的拉应力等条件,应该成为盒形件的多次拉深过程中每次拉深工序所用工件的形状和尺寸确定的基础,而且也是模具设计、确定工序顺序、冲压方法和其他变形工艺参数的主要依据。此外,也应保证沿盒形件周边上各点的拉深变形程度不能超过其侧壁强度所允许的极限值。

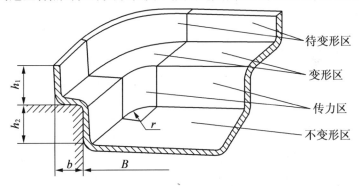

图 5 – 9　盒形件再次拉深时的变形分析

在遵循以上原则的基础上,需进行多次拉深的盒形件常见拉深方法如图 5 – 10 和图 5 – 11 所示。

4. 拉伸工艺力的计算

(1)压边力的计算。

施加压边力是为了防止毛坯在拉伸变形过程中的起皱,压边力的大小对拉伸工作的影响很大(图 5 – 12)。如果太大,会增加危险断面处的拉应力而导致破裂或严重变薄,太小则防皱效果不好。压料力是设计压料装置的重要依据,压料力一般按下式计算:

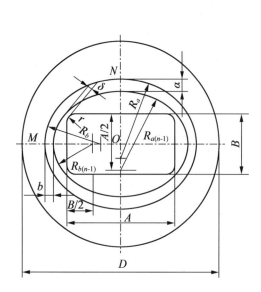

图 5 – 10　矩形盒多工序拉深时工件的形状与
　　　　　尺寸

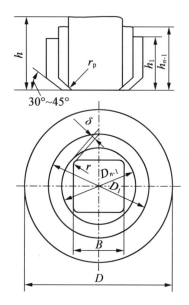

图 5 – 11　方形盒多工序拉深时工件的形状和
　　　　　尺寸

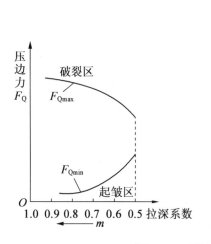

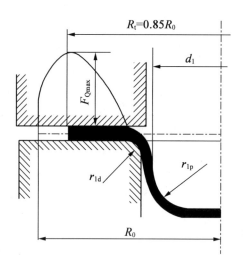

图 5 – 12　压边力对拉深工作的影响

任何形状的拉深件,

$$F_y = Ap$$

圆筒形件首次拉深,

$$F_y = \frac{\pi}{4}\left[D^2 - (d_1 + 2r_{A1})^2 \right]p$$

圆筒形件以后各次拉深,

$$F_y = \frac{\pi}{4}\left[d_{i-1}^2 - (d_i + 2r_{Ai})^2 \right]p \quad (i = 2,3,\cdots,n)$$

式中　A——压料圈下坯料的投影面积;

　　　　p——单位面积压料力,p 值可查表 5 - 3;

　　　　D——坯料直径;

　　　　$d_1, d_2, \cdots, d_n$——各次拉深工件直径;

　　　　$r_{A1}, r_{A2}, \cdots, r_{An}$——各次拉深凹模的圆角半径。

表 5 - 1 为采用或不采用压料装置的条件,表 5 - 2 为圆筒形件的极限拉深系数。

表 5 - 1　采用或不采用压料装置的条件　　　　　　　　mm

拉深方法	第一次拉深		以后各次拉深	
	$(t/D) \times 100$	m_1	$(t/d_{n-1}) \times 100$	m_n
用压料装置	<1.5	<0.6	<1	<0.8
可用可不用压料装置	1.5 ~ 2.0	0.6	1 ~ 1.5	0.8
不用压料装置	>2.0	>0.6	>1.5	>0.8

说明:t 为工件壁厚;

　　　D 为工件直径;

　　　m_1 为圆筒形件的极限拉深系数(带压边圈)。

表 5 - 2　圆筒形件的极限拉深系数(带压料圈)

极限拉深系数	坯料相对厚度 $(t/D) \times 100$					
	2.0 ~ 1.5	1.5 ~ 1.0	1.0 ~ 0.6	0.6 ~ 0.3	0.3 ~ 0.15	0.15 ~ 0.08
m_1	0.48 ~ 0.50	0.50 ~ 0.53	0.53 ~ 0.55	0.55 ~ 0.58	0.58 ~ 0.60	0.60 ~ 0.63
m_2	0.73 ~ 0.75	0.75 ~ 0.76	0.76 ~ 0.78	0.78 ~ 0.79	0.79 ~ 0.80	0.80 ~ 0.82
m_3	0.76 ~ 0.78	0.78 ~ 0.79	0.79 ~ 0.80	0.80 ~ 0.81	0.81 ~ 0.82	0.82 ~ 0.84
m_4	0.78 ~ 0.80	0.80 ~ 0.81	0.81 ~ 0.82	0.82 ~ 0.83	0.83 ~ 0.85	0.85 ~ 0.86
m_5	0.80 ~ 0.82	0.82 ~ 0.84	0.84 ~ 0.85	0.85 ~ 0.86	0.86 ~ 0.87	0.87 ~ 0.88

注:1. 表中拉深数据适用于 08 钢、10 钢和 15Mn 钢等普通拉深碳钢及黄铜 H62,对拉深性能较差的材料,如 20 钢、25 钢、Q215 钢、Q235 钢、硬铝等应比表中数值大 1.5% ~ 2.0%,而对塑性较好的材料,如 05 钢、08 钢、10 钢及软铝等应比表中数值小 1.5% ~ 2.0%。

　　2. 表中数据适用于未经中间退火的拉深,若采用中间退火工序,则取值应比表中数值小 2% ~ 3%。

　　3. 表中较小值适用于大的凹模圆角半径[$r_A = (8 ~ 15)t$],较大值适用于小的凹模圆角半径[$r_A = (4 ~ 8)t$]。

表 5 - 3　单位面积压料力

材料名称	p/MPa
铝	0.8 ~ 1.2
纯铜、硬铝(已退火的)	1.2 ~ 1.8
黄铜	1.5 ~ 2.0

续表 5 - 3

软钢	$t \leqslant 0.5$ mm	$2.5 \sim 3.0$
	$t > 0.5$ mm	$2.0 \sim 2.5$
材料名称		p/MPa
镀锡钢板		$2.5 \sim 3.0$
耐热钢(软化状态)		$2.8 \sim 3.5$
高合金钢、高锰钢、不锈钢		$3.0 \sim 4.5$

(2)拉深力与压力机公称压力。

①拉深力。在生产中常用以下经验公式进行计算。

采用压料圈拉深时,首次拉深:

$$F_1 = \pi\, d_1 t\, \sigma_b k_1$$

以后各次拉深:

$$F_n = \pi\, d_n t\, \sigma_b k_n \quad (n = 2,3,\cdots,n)$$

不采用压料圈拉深时,首次拉深:

$$F_1 = 1.25\pi\,(D - d_1)\,t\sigma_b$$

以后各次拉深:

$$F_n = 1.3\pi(d_{n-1} - d_n)t\sigma_b \quad (n = 2,3,\cdots,n)$$

式中　　F——拉深力;

$\quad\quad t$——板料厚度;

$\quad\quad D$——坯料直径;

$\quad\quad d_1,d_2,\cdots,d_n$——各次拉深后的工件直径;

$\quad\quad \sigma_b$——拉深件材料的抗拉度;

$\quad\quad m_1 \mbox{、} m_2$——修正系数,其值见表 5 - 4。

表 5 - 4　修正系数 m_1 及 m_2 值

m_1	0.55	0.57	0.60	0.62	0.65	0.67	0.70	0.72	0.75	0.77	0.80	–	–	–
m_1	1.0	0.93	0.86	0.79	0.72	0.66	0.60	0.55	0.5	0.45	0.40	–	–	–
$m_2,m_3,\cdots,m_n$	–	–	–	–	–	–	0.70	0.72	0.75	0.77	0.80	0.85	0.90	0.95
k_n	–	–	–	–	–	–	1.0	0.95	0.90	0.85	0.80	0.70	0.60	0.50

注:$m_1,m_2,\cdots,m_n$ 为第 1 次,第 2 次,$\cdots$第 n 次拉深件系数。

②压力机公称压力。单动压力机,其公称压力应大于工艺总压力。

工艺总压力为

$$F_Z = F + F_Y$$

式中　　F——拉深力;

$\quad\quad F_Y$——压料力。

选择压力机公称压力时必须要注意,当拉深工作行程较大,尤其是落料拉深复合时,应使工艺力曲线位于压力机滑块的许用压力曲线之下,而不能简单地按压力机公称压力大于工艺力的原则去确定压力机的规格,否则压力机可能会因超载而损坏。在实际生产中,压力机的公称压力为

$$浅拉深 F_g \geqslant (1.6 \sim 1.8) F_Z$$
$$深拉深 F_g \geqslant (1.8 \sim 2.0) F_Z$$

式中　　F_g——压力机公称压力。

5. 本套模具的相关计算

(1)坯料展开计算,如图 5-13 所示。

$$R = \sqrt{r_{角}^2 + 2r_{角} H - 0.86 r_{底} r_{角} - 0.14 r_{底}^2}$$
$$R = \sqrt{5.25^2 + 2 \times 5.25 \times 8 - 0.86 \times 1.5 \times 5.25 - 0.14 \times 1.5^2}$$
$$R \approx 10.22 (\text{mm})$$
$$l_0 = H + 0.57 r_{底} = 8 + 0.57 \times 1.5 = 8.855 (\text{mm})$$

式中　　l_0——盒形件的高度,mm;

　　　　R——展开半径,mm。

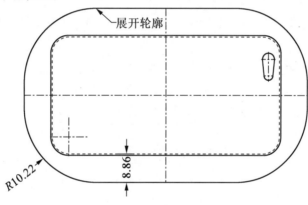

图 5-13　展开轮廓

(2)压边力计算。

$$F_y = Ap = 1\,781.67 \times 1.8 = 3\,207 (\text{N})$$

(3)拉深力。

$$F_1 = \pi d_1 t \sigma_b k_1 = 201.7 \times 0.5 \times 0.6 \times 320 = 19\,363.2 (\text{N})$$

说明:

①πd_1 为工件周长,此处通过软件对 3D 工件进行分析得拉深件周长为 201.7 mm;

②本套工件的材料厚度为 0.5 mm;

③黄铜的抗拉强度 $\sigma_b = 320$ MPa;

④修正系数 $k_1 = 0.6$ mm。

5.2.5　模具工件详细设计

1. 工作工件设计

由于工件形状简单对称,所以模具的工作工件均采用整体结构,主要的工作工件有拉深凸凹模,拉深凹模,压边圈及冲孔凸模,如图5－14所示为成型工件装配图。

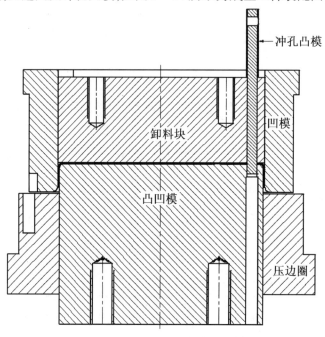

图5－14　成型工件装配图

（1）凸凹模。

本套模具的凸凹模主要成型工件的内表面及"U"形孔,成型的顺序为先拉伸后冲孔。由图5－15可知,其装配在下模座板上,采用螺丝坚固并用框定位。为防止冲孔时刃口磨钝,故材料应采用表面淬火处理。

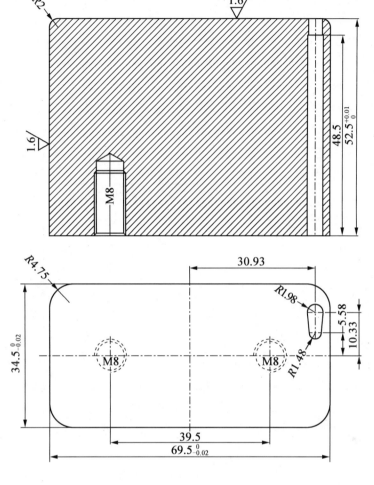

图 5 – 15 凸凹模工件图

（2）拉伸凹模。

图 5 – 16 所示，拉深凹模主要用于成型工件的外表面，底部采用挂台固定。因 H62 材质硬度不高，故工件材料选用 Cr12，热处理 HRC60 ~ 64。

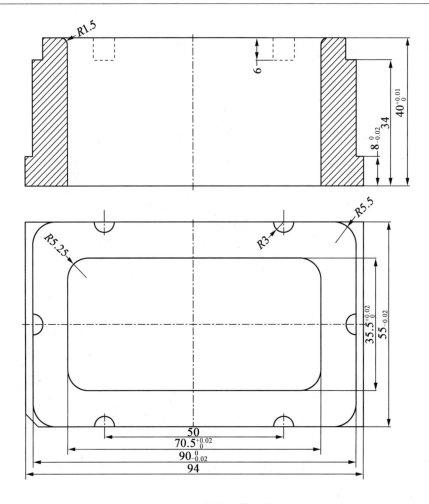

图 5 – 16　拉伸凹模工件图

（3）压边圈。

图 5 – 17 所示为压边圈的工件图,工作原理是在弹簧的支撑力作用下压紧毛坯料,防止毛坯料在拉深过程中起皱,其外形尺寸为 105 mm × 70 mm × 33 mm。工件材料选用 Cr12,热处理 HRC60 ~ 64。

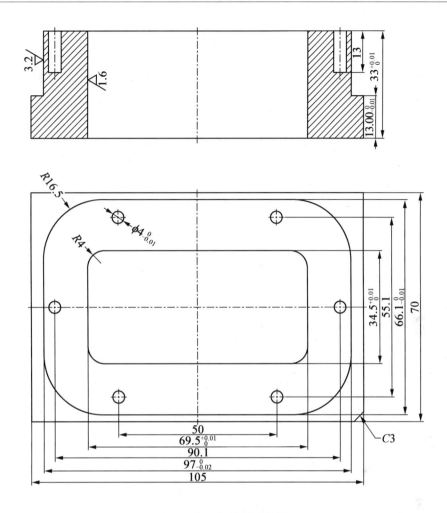

图 5–17　压边圈工件图

（4）冲孔凸模。

图 5–18 所示为冲孔凸模的工件图，固定方式是采用销钉固定在上模垫板上，作用是成型工件上的"U"形孔，由于其外形不规则，需采用线割外形，故订料尺寸比实际尺寸要大。工件材料选用 Cr12，热处理 HRC60 ~ 64。

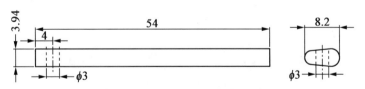

图 5–18　冲孔凸模工件图

2. 卸料工件设计

本套模具中起卸料作用的工件有两件，分别布置在模具的上、下模部分。上模采用卸料块，作用是防止工件粘在凹模上，采用弹簧驱动并用等高套筒限位。下模的卸料工件为压边圈(图5-17)。图5-19所示为卸料块的工件结构。

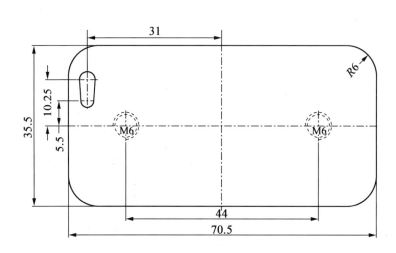

图5-19 冲孔凸模工件图

3. 其他板类工件的设计

当成型工件的外形尺寸确定后,即可根据模板外形尺寸查阅有关标准或资料得到模座、固定板、垫板、卸料板的外形尺寸。

由《冲模滑动导向模架》(GB/T 2851—2008)查得滑动导向模架四角导柱 200 mm × 200 mm ×(100~150)mm。为了绘图方便,还需要查出上、下模座的规格尺寸。

由《冲模滑动导向模座 第2部分:下模座》(GB/T 2855.2—2008)查得滑动导向下模座四角导柱 200 mm × 200 mm × 35 mm;

由《冲模滑动导向模座 第1部分:上模座》(GB/T 2855.1—2008)查得滑动导向上模座四角导柱 200 mm × 200 mm × 35 mm;

由《冲模模板 第2部分:矩形固定板》(JB/T 7643.2—2008)查得矩形固定板 200 mm × 130 mm × 25 mm(上固定板);

由《冲模模板 第3部分:矩形垫板》(JB/T 7643.3—2008)查得矩形垫板 200 mm × 130 mm × 20 mm(上垫板);

由《冲模模板 第2部分:矩形固定板》(JB/T 7643.2—2008)查得矩形固定板 200 mm × 130 mm × 25 mm(下固定板);

由《冲模模板 第3部分:矩形垫板》JB/T 7643.3—2008 查得矩形垫板 200 mm ×

130 mm×20 mm(下垫板)。

4.导柱、导套的选用

由《冲模导向装置　第1部分:滑动导向导柱》(GB/T2861.1—2008)和《冲模导向装置　第3部分:滑动导向导套》(GB/T 2861.3—2008)查得;滑动导向导柱 A 16 mm×130 mm GB/T 2861.1—2008;滑动导向导套 A 16 mm×80 mm×25 mm GB/T 2861.3—2008。

5.螺钉、销钉的选用

全套模具选用 M6 内六角圆柱头螺钉;销钉直径为 $\phi6$ mm 的圆柱形销钉。

5.2.6　选择及校核

1.设备选择

前期已经计算出本套模具的压边力为 3 207 N,拉深力为 19 363.2 N,所以总的冲压力为

$$F_{总} = 1.7(F_y + F) = 1.7(3\ 207 + 19\ 363.2) = 38\ 369.34(\text{N}) \approx 38.37(\text{kN})$$

式中　$F_{总}$——总冲压力;

　　　F_y——压边力;

　　　F——拉深力。

故本套模具可选择 JB 23 – 25 压力机或台式冲床,JB 23 – 10 压力机主要参数如下。

公称压力:250 kN;

最大闭合高度:270 mm;

最大装模高度:220 mm;

闭合高度调节量:55 mm;

工作台尺寸:370 mm×560 mm;

垫板尺寸:50 mm×200 mm;

模柄孔尺寸:$\phi40$ mm×60 mm。

2.设备验收

主要验收平面尺寸和闭合高度。模具采用四角导柱,下模座平面的最大外形尺寸为 200 mm×200 mm。长度方向单边小于压力机工作台面的尺寸 370 mm×560 mm,下模座的平面尺寸单边大于压力机工作台落料孔尺寸,因此满足模具安装要求。模具的闭合高度为 160 mm,小于压力机的最大闭合高度 220 mm,因此所选设备合适。

5.2.7　绘图

由以上设计,可得到如图 5 – 20 所示的模具总装图。为了实现先冲孔,后拉深,应保证模具装配后,拉深凸模的端面比落料凹模的端面低 3 mm。

模具工作过程:将冲好的坯料放置在压边圈 7 上,通过定位销 12 定位。压力机滑块带着上模下行,首先是凹模 4 压紧坯料,随着模具的进一步合拢,凸凹模 8 顶着坯料向凹模 4

内进行工件拉深,在此过程中完成冲孔成型,当压边圈7接触到下模座11则工件拉深完成。下一步开模,工件在卸料块5与压边圈7的作用下将工件分别从凹模4与凸凹模8上脱下,从而完成一个回合的工件生产。

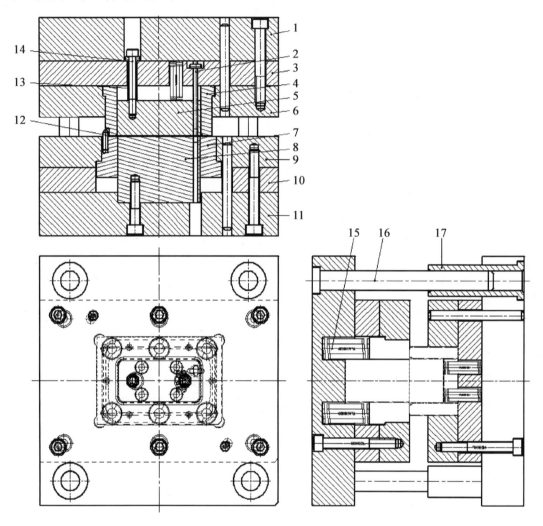

1—上模板;2—冲孔凸模;3—上垫板;4—凹模;5—卸料块;6—上固定板;7—压边圈;8—凸凹模;9—下固定板;
10—下垫板;11—下模座;12—定位销;13—等高套筒;14—内六角螺钉;15—压边圈弹簧;16—导柱;17—导套

图 5 – 20　模具装配图

5.3　拉深模具制造

　　本套拉深模具中,主要包含拉深与冲孔两道工序,所以模具工件加工的关键在凹模、凸凹模、压边圈及卸料块上。其他模板采用铣削及线切割加工,因此加工过程相对简单。表5 – 5、表5 – 6、表5 – 7列出了凹模、凸凹模、压边圈及卸料块的加工步骤。

表 5 – 5 凹模加工步骤

工序号	工序名称	工序内容	工序简图(示意图)
1	凹模备料	采购毛坯:94 mm×55 mm×40 mm 材料:Cr12 数量:1 件	
2	数铣 粗加工	粗加工出工件外形,单边留余量0.5 mm;定位销避空槽尺寸加工到位	（粗加工外形）
3	加工 穿丝孔	采用钻削方式加工 $\phi6$ mm 的穿丝孔	（穿丝孔）
4	热处理	按热处理工艺,淬火达到 HRC60~64	
5	线切割	按图线切割内部通槽达到尺寸要求	（线切割内槽）
6	数铣 精加工	精加工圆角及外部轮廓尺寸	（数铣加工圆角及精加工零件外形）

续表 5 – 5

工序号	工序名称	工序内容	工序简图(示意图)
7	钳工精修	全面达到设计要求	
8	检验		

表 5 – 6　凸凹模的加工步骤

工序号	工序名称	工序内容	工序简图(示意图)
1	凸凹模备料	采购毛坯:58 mm × 60 mm × 52 mm 材料:Cr12 数量:1 件	
2	加工螺钉孔	按位置加工出螺钉孔及穿丝孔	
3	热处理	按热处理工艺,淬火达到 HRC60 ~ 64	
4	线切割	按图线切割冲孔刃口,达到尺寸要求	

续表 5-6

工序号	工序名称	工序内容	工序简图(示意图)
5	数铣	精加工外形圆角	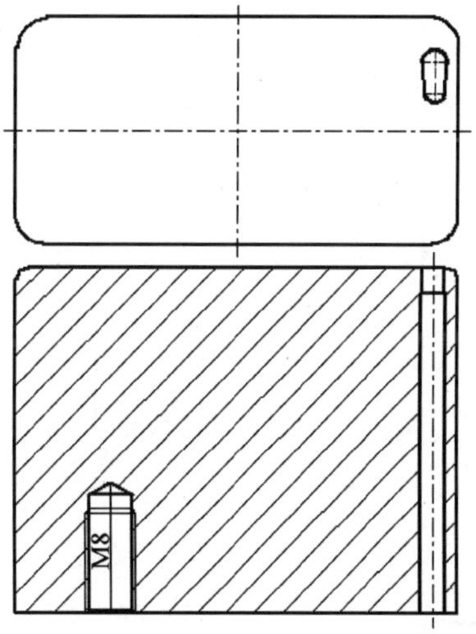
6	电火花	加工落废料避空孔	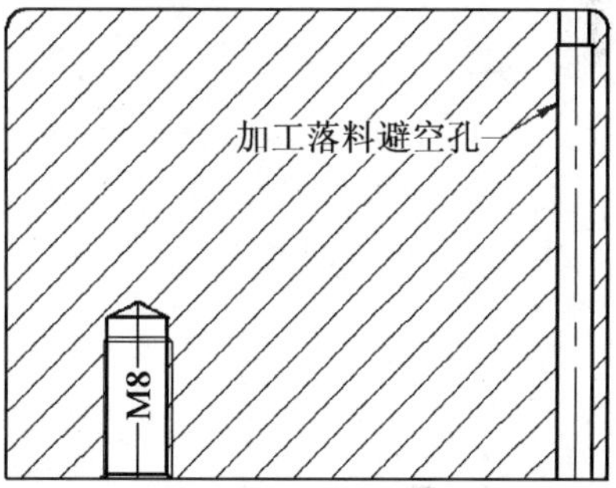 加工落料避空孔
5	钳工精修	全面达到设计要求	
6	检验		

表 5-7　压边圈加工步骤

工序号	工序名称	工序内容	工序简图(示意图)
1	压边圈备料	采购毛坯料:36 mm × 30 mm × 80 mm 材料:Cr12 数量:1件	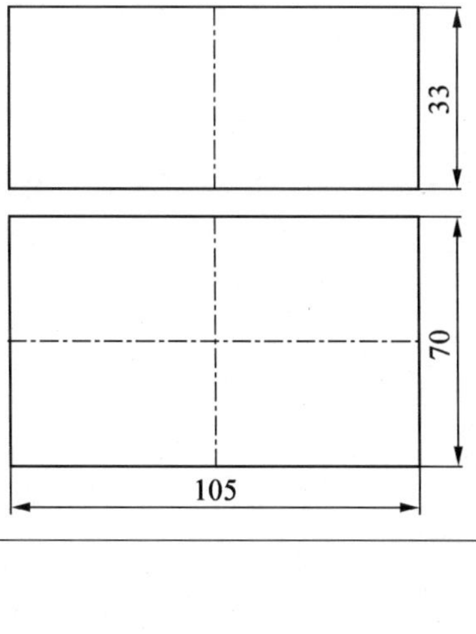 33 / 70 / 105

续表 5 - 7

工序号	工序名称	工序内容	工序简图(示意图)
2	孔加工	加工穿丝孔及定位销孔	
3	数铣外形	粗加工外形,单边留余量 0.5 mm	
4	热处理	按热处理工艺,淬火达到 HRC60 ~ 64	
5	线切割	按图线切割内孔,达到尺寸要求	
6	数控铣	精加工外形,达到尺寸要求	
7	钳工精修	全面达到设计要求	
8	检验		

其他板类工件、卸料块等加工工艺较为简单,此处不再赘述。

5.4　模具的装配

本模具的装配选凸凹模为基准件,先装下模,再装上模。具体装配见表 5 – 8。

表 5 – 8　模具装配工序

序号	工序	工艺说明
1	凸凹模、凹模及冲孔凸模预配	①装配前,仔细检查凸凹模、冲孔凸模形状尺寸及凹模型孔,是否符合图纸要求、尺寸精度及形状; ②将各凸模分别与相应的凹模孔相配,检查其间隙是否加工均匀,不合格的应重新修磨或更换
2	凸凹模、压边圈装配	以凸凹模定位孔定位,将凸凹模压入下模座板的型孔中,并锁紧牢固
3	装配下模	①将定位销装入到压边圈上的定位销孔中; ②在下模座板的弹簧孔中装入弹簧,然后将压边圈套在凸凹模上,顺着凸凹模装下,直到底面接触到弹簧端面,确保压边圈端面水平; ③将下模垫板与下固定板套在压边圈上,然后压缩弹簧与下模座板贴紧,并用螺钉紧固,打入销钉
4	装配上模	①将凹模装入到上固定板中,将装好销钉的冲孔凸模装入到上垫板上; ②将组装好的上垫板、上模座板及组装好的上固定板三者装配到一起,打入销钉并装好紧固螺丝; ③装入卸料弹簧,再将卸料块装入到凹模中,然后装上等高套筒及内六角螺钉; ④切纸检查,合适后打入销钉
5	试冲与调整	装机试冲并根据试冲结果做相应调整

【知识拓展 5】

拓展 5 – 1　拉深工艺概述

拉深又称为拉延,是利用拉深模在压力机的压力作用下,将平板坯料或空心工件制成开口空心工件的加工方法。它是冲压基本工序之一,广泛应用于汽车、电子、日用品、仪表、航空和航天等各种产品的生产中,不仅可以加工旋转体工件,还可加工盒形工件及其他形状复杂的薄壁工件。图 5 – 21 所示为用拉深方法加工的一些典型工件。

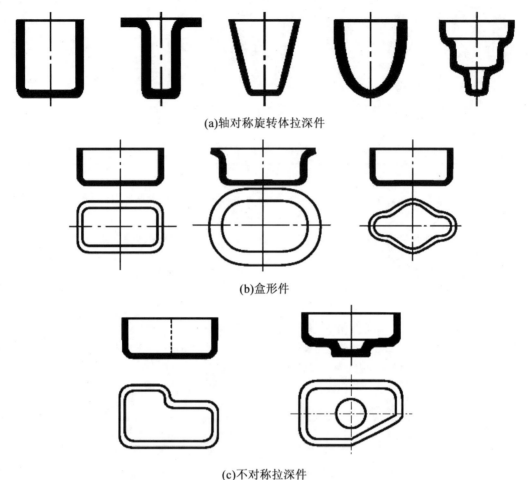

(a)轴对称旋转体拉深件

(b)盒形件

(c)不对称拉深件

图 5 – 21　拉深件类型

　　拉深可分为不变薄拉深和变薄拉深。前者拉深成型后的工件,其各部分的壁厚与拉深前的坯料相比基本不变;后者拉深成型后的工件,其壁厚与拉深前的坯料相比明显变薄,这种变薄是产品要求的,工件呈现底厚、壁薄的特点。在实际生产中,应用较多的是不变薄拉深。本章重点介绍不变薄拉深工艺与模具设计。

　　拉深所使用的模具称为拉深模。拉深模结构相对较简单,与冲裁模比较,工作部分有较大的圆角,表面质量要求高,凸、凹模间隙略大于板料厚度。图 5 – 22 所示为有压边圈的首次拉深模的结构图,平板坯料放入定位板 6 内,当上模下行时,首先由压边圈 5 和凹模 7 将平板坯料压住,随后凸模 10 将坯料逐渐拉入凹模孔内形成直壁圆筒。为防止工件与凸模间形成真空,增加卸件困难,在凸模 10 上开设有通气孔。拉深结束后的卸件工作由凹模底部的台阶完成,要求凸模 10 进入凹模 7 较深,所以该模具只适合浅拉深。

拓展 5 – 2　拉深模的典型结构

　　拉深模结构相对简单。根据拉深模使用的压力机类型不同,拉深模可分为单动压力机用拉深模和双动压力机用拉深模,根据拉深顺序可分为首次拉深模和以后各次拉深模,根据工序组合可分为单工序拉深模、复合工序拉深模和连续工序拉深模,根据压料情况可分为有压边装置拉深模和无压边装置拉深模。

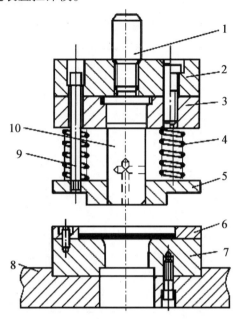

1—模柄;2—上模座;3—凸模固定板;4—弹簧;5—压边圈;6—定位板;7—凹模;8—下模座;9—卸料螺钉;10—凸模

图 5 - 22　拉深模结构图

1. 无压边装置的简单拉深模

这种模具结构简单,上模往往是整体的,如图 5 - 23 所示。当凸模直径过小时,则还应加上模座,以增加上模部分与压力机滑块的接触面积,下模部分有定位板、下模座与凹模。为使工件在拉深后不至于紧贴在凸模上难以取下,在拉深凸模上应有直径 $\phi3$ mm 以上的小通气孔。拉深后,冲压件靠凹模下部的脱料颈刮下。这种模具适用于拉深材料厚度较大 ($t > 2$ mm) 及深度较小的工件。

2. 有压边装置的拉深模

图 5 - 22 所示为压边圈装在上模部分的正装拉深模。由于弹性元件装在上模,因此凸模要比较长,适用于拉深深度不大的工件。

图 5 - 24 所示为压边圈装在下模部分的倒装拉深模。由于弹性元件装在下模座下压力机工作台面的孔中,因此空间较大,允许弹性元件有较大的压缩行程,可以拉深深度较大的拉深件。这副模具采用了锥形压边圈,在拉深时,锥形压边圈先将毛坯压成锥形,使毛坯的外径产生一定量的收缩,然后再将其拉成筒形。采用这种结构,有利于拉深变形,可以降低极限拉深系数。

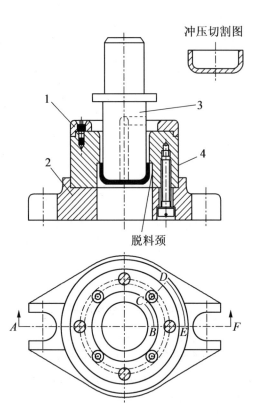

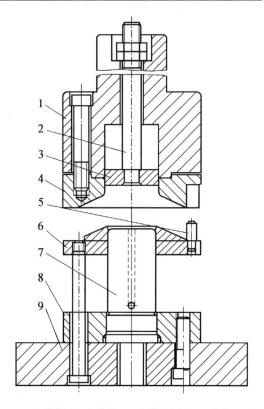

1—定位板;2—下模板;3—拉深凸模;4—拉深凹模

图 5 – 23　无压边装置的首次拉深模

1—模柄;2—上模座;3—凸模固定板;4—弹簧;

5—压边圈;6—定位板;7—凹模;8—下模座;

9—卸料螺钉;10—凸模

图 5 – 24　带锥形压边圈的倒装拉深模

目前在生产实践中常用的压边装置有以下两大类。

(1)弹性压边装置。

这种装置多用于普通的单动压力机上。通常有如下三种:①橡胶压边装置(图 5 – 25(a));②弹簧压边装置(图 5 – 25(b));③气垫式压边装置(图 5 – 25(c))。这三种压边装置压边力的变化曲线如图 5 – 26 所示。

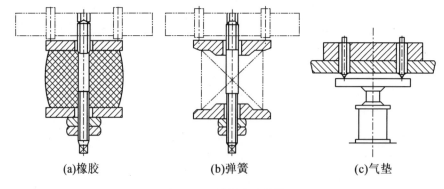

(a)橡胶　　　　　　　　(b)弹簧　　　　　　　　(c)气垫

图 5 – 25　弹性压边装置

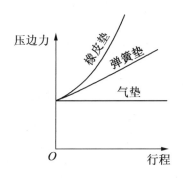

图 5 – 26　弹性压板装置的压边力曲线

随着拉深深度的增加,凸缘变形区的材料不断地减少,需要的压边力也逐渐减小。而橡胶与弹簧压边装置所产生的压边力恰与此相反,随拉深深度的增加而增加,尤其以橡胶压边装置更为严重。这种工作情况使拉深力增加,从而导致工件拉裂,因此橡胶及弹簧结构通常只适用于浅拉深。气垫式压边装置的压边效果比较好,但其结构、制造、使用与维修都比较复杂。

在普通单动的中、小型压力机上,由于橡胶、弹簧使用起来十分方便,所以被广泛使用。要正确选择弹簧规格及橡胶的牌号与尺寸,尽量减少其不利的影响。如弹簧,应选用总压缩量大、压边力随压缩量缓慢增加的弹簧;而橡胶则应选用较软的橡胶。为使其相对压缩量不过大,应选取的橡胶总厚度不小于拉深行程的 5 倍。

对于拉深板料较薄或带有宽凸缘的工件,为了防止压边圈将毛坯压得过紧,可以采用带限位装置的压边圈,如图 5 – 27 所示,拉深过程中压边圈和凹模之间始终保持一定的距离 s。拉深钢件时,$s = 1.2t$;拉深铝合金件时,$s = 1.1t$;拉深带凸缘工件时,$s = t + (0.05 \sim 1)$mm。

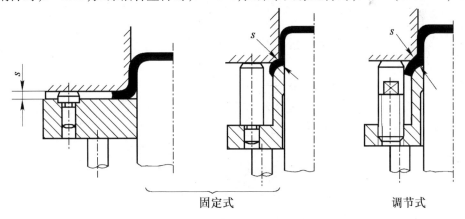

固定式　　　　　　　　　　调节式

图 5 – 27　带限位装置的压边圈

(2)刚性压边装置。

这种装置用于双动压力机上,其动作原理如图 5 – 28 所示。曲轴旋转时,首先通过凸轮带动外滑块使压边圈将毛坯压在凹模上,随后由内滑块带动凸模对毛坯进行拉深。在拉深过程中,外滑块保持不动。刚性压边圈的压边作用,并不是靠直接调整压边力来保证的。考虑到毛坯凸缘变形区在拉深过程中板厚有增大的现象,所以调整模具时,压边圈与凹模间的

间隙 c 应略大于板厚 t。用刚性压边,压边力不随行程变化,拉深效果较好,且模具结构简单。图 5 - 29 所示即为带刚性压边装置的拉深模。

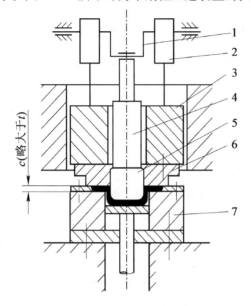

1—曲轴;2—凸轮;3—外滑块;4—内滑块;
5—凸模;6—压边圈;7—凹模

图 5 - 28　双动压力机用拉深模刚性压边装置动作原理

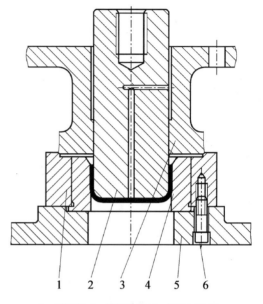

1—固定板;2—拉深凸模;3—刚性压边圈;
4—拉深凹模;5—下模板;6—螺钉

图 5 - 29　带刚性压边装置拉深模

3. 以后各次拉深模

在以后各次拉深中,因毛坯已不是平板形状,而是已经成型的半成品,所以应充分考虑毛坯在模具上的定位。

图 5 - 30 所示为无压边装置的以后各次拉深模,仅用于直径变化量不大的拉深。

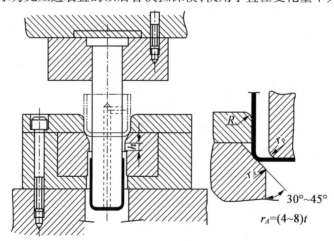

$$r_A = (4 \sim 8)t$$

图 5 - 30　无压边装置的以后各次拉深模

图 5 - 31 所示为有压边装置的以后各次拉深模,这是一般最常见的结构形式。拉深前,

毛坯套在压边圈上,压边圈的形状必须与上一次拉出的半成品相适应。拉深后,压边圈将冲压件从凸模上托出,推件板将冲压件从凹模中推出。

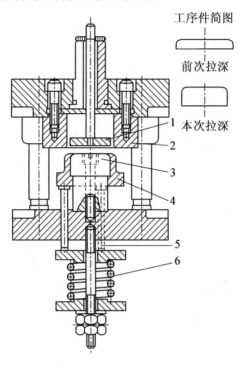

1—推件板;2—拉深凹模;3—拉深凸模;4—压边圈;5—顶杆;6—弹簧

图 5 - 31　有压边装置的以后各次拉深模

4. 落料拉深复合模

图 5 - 32 所示为一副典型的正装落料拉深复合模。上模部分装有凸凹模(落料凸模、拉深凹模),下模部分装有落料凹模与拉深凸模。为保证冲压时先落料再拉深,拉深凸模低于落料凹模一个料厚以上。件 2 为弹性压边圈,弹顶器安装在下模座下。

图 5 - 33 所示为落料,正、反拉深模。由于在一副模具中进行正、反拉深,因此一次能拉出高度较大的工件,生产率较高。件 1 为凸凹模(落料凸模、第一次拉深凹模),件 2 为第二次拉深(反拉深)凸模,件 3 为拉深凸凹模(第一次拉深凸模、反拉深凹模),件 7 为落料凹模。第一次拉深进,有压边圈的弹性压边作用,反拉深时无压边作用。上模采用刚性推件,下模直接用弹簧顶件,由固定卸料板完成卸料,模具结构十分紧凑。

图 5 - 34 所示为一副后次拉深、冲孔、切边复合模。为了有利于本次拉深变形,减小本次拉深时的弯曲阻力,在本次拉深前的毛坯底部角上已拉出 45° 的斜角。本次拉深模的压边圈与毛坯的内形完全吻合。模具在开启状态时,压边圈与拉深凸模在同一水平位置。冲压前,将毛坯料套在压边圈上,随着上模的下行,先进行再次拉深,为了防止压边圈将毛坯压得过紧,该模具采用了带限位螺栓的结构,使压边圈与拉深四模之间保持一定距离。到行程快终止时,其上部对冲压件底部完成压凹与冲孔,而其下部也同时完成了切边。

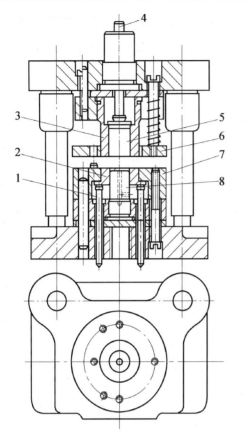

1—顶杆;2—压边圈;3—凸凹模;4—推杆;
5—推件板;6—卸料板;7—落料凹模;8—拉深凸模

图 5 – 32　落料拉深复合模

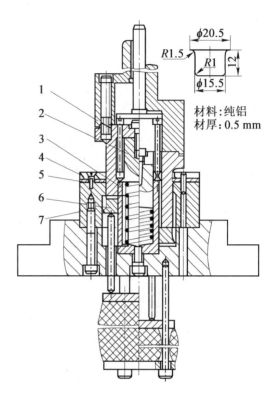

1—凸凹模;2—反拉深凸模;3—拉深凹模;
4—卸料板;5—导料板;6—压边圈;7—落料凹模

图 5 – 33　落料,正、反拉深模

　　切边的工作原理如图 5 – 35 所示。在拉深凸模下面固定有带锋利刃口的切边凸模,而拉深凹模同时起切边凹模的作用。拉深间隙与切边时的冲裁间隙的尺寸关系如图 5 – 35 所示。图 5 – 35(a)为带锥形口的拉深凹模,图 5 – 35(b)为带圆角的拉深凹模。由于切边凹模没有锋利的刃口,所以切下的废料带有较大的毛刺,断面质量较差,因此这种切边方法也称为挤边。用这种方法对筒形件切边,结构简单,使用方便,并可采用复合模的结构与拉深同时进行,所以应用十分广泛。对筒形件进行切边还可以采用垂直于筒形件轴线方向的水平切边,但其模具结构较为复杂。

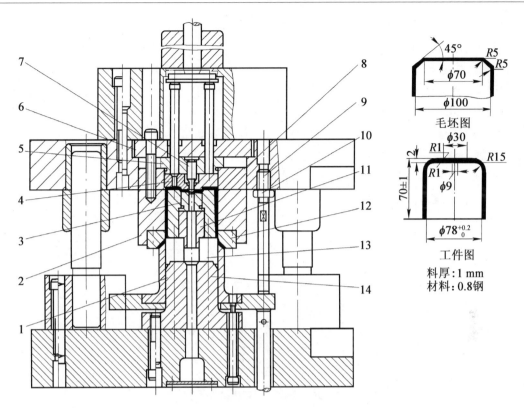

1—压边圈;2—凹模固定板;3—冲孔凹模;4—推件板;5—凸模固定板;6—垫板;7—冲孔凸模;8—拉深凸模;
9—限位螺栓;10—螺母;11—垫柱;12—拉深切边凹模;13—切边凸模;14—固定块

图 5 - 34 再次拉深、冲孔、切边复合模

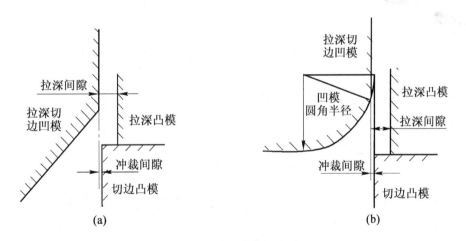

图 5 - 35 筒形件的切边原理

拓展 5 - 3 盒形件的拉深工艺特点

1. 盒形件拉深变形特点

盒形件是非旋转体工件,与旋转体工件的拉深相比,其拉探变形更复杂。盒形件的几何形状是由 4 个圆角部分和 4 条直边组成的,拉深变形时,圆角部分相当于圆筒形件拉深,而直边部分相当于弯曲变形。但是,由于直边部分和圆角部分是一块整体,因而在变形过程中相互牵制,圆角部分的变形与圆筒形件拉深不完全一样,直边变形也有别于简单弯曲。

若在盒形件毛坯上画上 UV 线,其纵向间距为 a,横向间距为 b,且 $a = b$。拉深后方格网的形状和尺寸发生变化(图 5 - 36):横向间距缩小,而且愈靠近角部缩小愈多,即 $b > b_1 > b_2 > b_3$;纵向间距增大,而且愈向上,间距增大愈多,即 $a_1 > a_2 > a_3 > a$。这说明,直边部分并不是单纯的弯曲,因为圆角部分的材料要向直边部分流动,故使直边部分还受到挤压。同样,圆角部分也不完全与圆筒形工件的拉深相同,由于直边部分的存在,圆角部分的材料可以向直边部分流动,这就减轻圆角部分材料的变形程度(与相同圆角半径的圆筒形冲裁件比)。

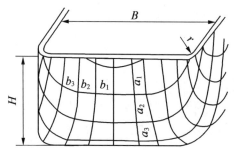

图 5 - 36　盒形件拉深进的金属流动

从拉深力的角度看,由于直边部分和圆角部分的内在联系,直边部分除承受弯曲应力外,还承受挤压应力;而圆角部分由于变形程度减小(与相应圆筒形件比),需要克服的变形抗力也就减小。可以认为:由于直边部分分担了圆角部分的拉深变形抗力,而使圆角部分所承担的拉深力较相应圆筒形件的拉深力小,其应力分布如图 5 - 37 所示。

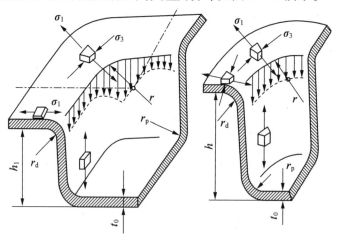

图 5 - 37　盒形件拉深时的应力分布

由以上分析可知,盒形件拉深的特点如下。

(1)径向拉应力 σ_1 沿盒件周边的分布是不均匀的,在圆角部分最大,直边部分最小,而切

向压应力 σ_3 的分布也是一样。其次,以角部来说,由于应力分布不均匀,其平均拉应力与相应的圆筒形工件(后者的拉应力是平均分布的)相比要小得多。因此,就危险断面处的载荷来说,盒形件要小得多,故对于相同材料,盒形件的拉深系数可取小一些。

(2)由于压应力 σ_3 在角部最大,向直边部分逐步减小,因此与角部相应的圆筒形件相比,材料稳定性加强了,起皱的趋势减少,直边部分很少起皱。

(3)直边与圆角变形相互影响的程度取决于相对圆角半径 r/B 和相对高度 $H/B(B$ 为盒宽), r/B 愈小,直边部分对圆角部分的变形影响愈显著。如果 $r/B=0.5$,则盒形件成为圆筒形件,也就不存在直边与圆角变形的相互影响了。 H/B 愈大,直边与圆角变形相互影响也愈显著。因此, r/B 和 H/B 两个尺寸参数不同的盒形件,在坯料尺寸和工序计算上都有较大不同。

2. 盒形件工序计算

正确地确定盒形件拉深时坯料和工件的形状和尺寸十分重要,它关系到节约原材料和拉深时材料的变形和工件的质量。若形状及尺寸不适当,将难以保证拉深变形的顺利进行,从而影响工件质量。

由于盒形件变形因相对圆角半径 r/B 和相对高度 H/B 的不同有较大差异,所以盒形件的工序计算视 r/B 和 H/B 的不同而有不同的方法和计算公式,详见相关设计手册。

需要指出的是,由于盒形件变形复杂,工序计算结果仅仅是初步结果,其准确性往往依赖于设计人员的经验,并通过试模来最终确定。

拓展 5 – 4　拉深件的主要质量问题

1. 起皱

在拉深时,变形区压缩失稳导致的起皱,是指凸缘上材料产生皱褶,如图 5 – 38 所示。

工件一旦失稳起皱发生,不仅拉深力、拉深功增大,而且会使拉深件质量降低,或者使拉深件过早破裂从而拉深失败,有时甚至会损坏模具和设备。影响拉深起皱的主要因素有以下几点。

(1)坯料的相对厚度。

平板坯料在平面方向受压时,其厚度越薄越容易起皱,反之则不容易起皱。在拉深中,更确

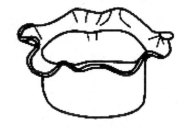

图 5 – 38　拉深件起皱

切地说,坯料的相对厚度越小,变形区抗失稳起皱的能力越差,也越容易起皱。

(2)拉深系数 m。

根据拉深系数的定义 $m=d/D$ 可知,拉深系数 m 越小,拉深变形程度越大,拉深变形区内金属的硬化程度也越高,所以,切向压应力也相应增大;另一方面, m 越小,拉深变形区的宽度越大,相对厚度越小,其抗失稳能力也越差。这两方面综合作用的结果,都使得拉深系数较小时坯料的起皱趋势加大。

有时,虽然坯料的相对厚度较小,但由于拉深系数较大,拉深时并不会产生失稳起皱。

例如,拉深高度很小的浅拉深件就属于这种情况。也就是说,在上述两个主要因素中,拉深系数显得更为重要。

在分析拉深件的成型工艺时,必须判断该冲裁件在拉深过程中是否会发生起皱,如果不起皱,则可以采用不带压边圈的模具。否则,应该采用带压边装置的模具。添加压边圈,施加合理的压料力,使坯料可能起皱的部分被夹在凹模平面与压边圈之间,让坯料在两平面之间顺利地通过。

2. 拉裂

(1)拉裂产生的原因与部位。

图 5-39 所示为圆筒件拉深后的壁厚变化。在 A、B 两处可能产生缩颈,即拉深过程中坯料变薄最剧烈处。若径向拉应力大于材料的抗拉强度 σ_b,便会在此处产生拉裂(图 5-40)。圆筒件拉深时产生破裂的原因,可能是由于凸缘起皱,坯料不能通过凸、凹模间隙,使 σ_1 增大;或者由于压边力过大,使 σ_1 增大;或者是变形程度太大,即拉深系数小于极限值。

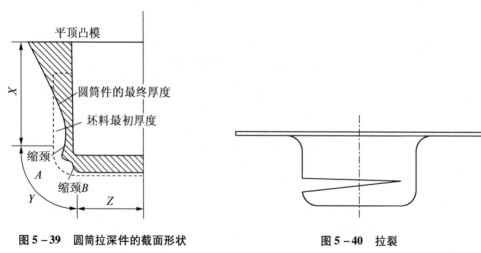

图 5-39　圆筒拉深件的截面形状　　　　图 5-40　拉裂

(2)拉裂的解决措施。

要防止产生拉裂,应根据板料成型性能,采用适当的拉深系数和压边力。增加凸模表面的粗糙度,可以减小缩颈处的变薄现象。

3. 凸耳

筒形件拉深,在拉深件口端出现有规律的高低不平现象叫凸耳,如图 5-41 所示。一般有四个凸耳,有时是两个或六个,甚至八个凸耳,产生凸耳的原因是板材的各向异性,在板厚方向性系数 r 低的方向,板料变厚,筒壁高度较低。在板厚方向性系数 r 高的方向,板料厚度变化不大,故筒壁高度较高。所以板平面方向性系数 Δr 越大,凸耳现象越严重。

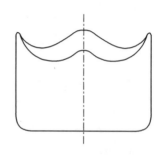

图 5-41　凸耳形状

项目6　玩具车前盖多工位级进模具设计与制造

6.1　设计任务

工件名称:玩具车前盖

材料:H62 黄铜

材料厚度:0.5 mm

生产量:10 万件

技术要求:未注公差按 IT14 级处理。

6.2　玩具车前盖多工位级进模具设计

6.2.1　工件的工艺性分析

1.结构工艺性

图 6-1 所示为玩具车前盖成品图,材料为 H62 黄铜,具有良好的冲压性能,适合冲裁。工件结构主要包含:不规则外形,需要进行冲裁加工;整个大面为圆弧面,需要进行拉伸成型;大端需要做折弯成型。工件的所有尺寸均为自由公差,且未注公差为 IT14 级,尺寸精度较低,普通冲裁完全能满足要求。

2.精度

工件的所有尺寸均为自由公差,且未注公差为 IT14 级,尺寸精度较低,普通冲裁完全能满足要求。

3.原材料

H62 黄铜塑性、韧性很好,抗拉强度 $\sigma_b \geqslant 335$ MPa,屈服强度 $\sigma_s \geqslant 205$ MPa,适合冲裁加工。

综上所述,该工件具有良好的冲裁工艺性,适合冲裁加工。

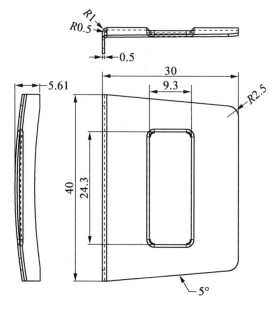

图6-1　产品工件图

6.2.2　成型工艺方案确定

该冲压件产品为落料折弯拉深件,共有四个成型工序(冲孔工序、落料工序、拉伸工序、弯曲工序),可提出的加工方案如下。

方案一:先冲外形,再拉深,后折弯,采用三套单工序模生产。

方案二:先冲外形落料,后折弯和拉深,采用一套单工序模和一套折弯-拉深复合冲压模生产。

方案三:先定位冲外形、定位孔,并预留连接位,后拉深和折弯同时进行,最后落料,采用多工位级进模生产。

比较上面三个方案,决定采用方案三的生产工艺方案。

6.2.3　模具总体设计

1. 模具类型的确定

由冲压工艺分析可知,该工件需要采用多工位级进模冲压成型,模具的工位主要有冲孔、切边、成型、折弯、落料。如图6-2所示。

2. 定位方式

因为该模具采用的是条料,控制条料的送进方向采用顶浮升销,无侧压装置。控制条料的送进步距采用挡料销粗定距,导正销精定距。而第一件的冲压位置因为条料长度有一定余量,可以靠操作员目测来定。如图6-3所示为料带定位。

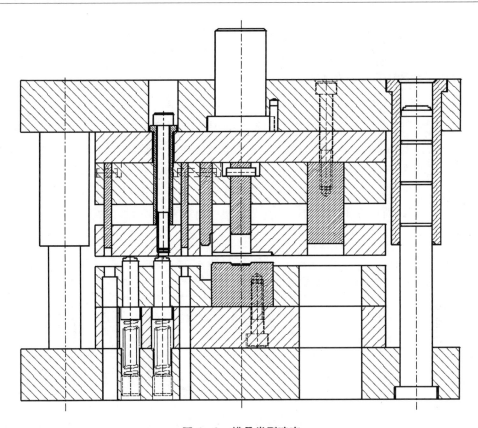

图 6 - 2　模具类型确定

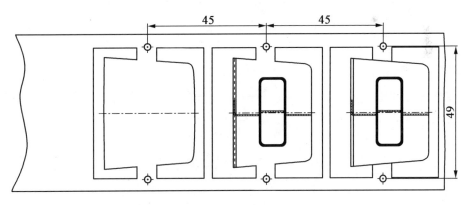

图 6 - 3　料带定位

3. 卸料、出件方式的选择

因为工件料厚为 0.5 mm，相对较薄，卸料力也比较小，故可采用弹性卸料。又因为是级进模生产，所以采用下出件比较便于操作与提高生产效率。

4. 导向方式的选择

为了提高模具寿命和工件质量，方便安装调整，该级进模采用四角导柱的导向方式。

6.2.4　级进模主要设计计算

1. 排样方式的确定及其计算

设计级进模,首先要设计条料排样图。本案例中的工件为不规则形状,需要通过折弯、成型等工序,所以在设计排样图时,需要先将产品展开,如图 6 – 4 所示。因展开的坯料为正方形,为了便于模具的制造与维修,所以决定采用直排的方式进行排料。搭边值取 3 mm 和 5 mm,条料宽度为 58 mm,步距为 45 mm,一个步距的材料利用率为 78%(计算见表 6 – 1)。查板材标准,宜选 950 mm × 1 500 mm 的钢板,每张钢板可剪裁为 16 张条料(58 mm × 1 500 mm),每张条料可冲 33 个工件,故每张钢板的材料利用率为 76%。

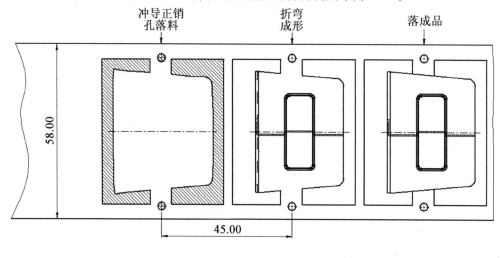

冲导正销孔落料　　　折弯成形　　　落成品

图 6 – 4　排样

2. 冲压力的计算

该模具采用级进模,拟选择弹性卸料、下出件。冲压力的相关计算见表 6 – 1。
根据计算结果,冲压设备拟选 J23 – 25。

表 6 – 1　条料及冲压力的相关计算

项目分类	项目	公式	结果	备注
排样	冲裁件面积 A		1 313.83 mm²	
	条料宽度 B	$B = 41.36 + 2 \times 5 + 3.25 \times 2$	57.86 mm	
	步距 S	$S = 34.85 + 3.66 + 3.49 + 3$	45 mm	最小搭边值 $a = 5$ mm, $a_1 = 3$ mm;采用不侧压装置,条料与浮升销间隙 0.1 mm
	一个步距的材料利用率 η	$\eta = \dfrac{nA}{BS} \times 100\%$	78%	

续表 6 - 1

项目分类	项目	公式	结果	备注
冲压力	冲裁力 F	$F = KLt\tau_b = 1.3 \times 143 \times 0.5 \times 300(\text{N})$	27 885 N	$L = 143$ mm，$\tau_b = 300$ MPa
	卸料力 F_x	$F_x = K_x F = 0.05 \times 27\,885(\text{N})$	1 394.25 N	$K_x = 0.045 \sim 0.055$
	推件力 F_T	$F_T = nK_T F = 10 \times 0.063 \times 27\,885(\text{N})$	17 567.55 N	$n = \dfrac{h}{t} = \dfrac{5}{0.5} = 10$
	冲压工艺 总力 F_z	$F_z = F + F_x + F_T =$ $27\,885 + 1\,394.25 + 17\,567.55(\text{N})$	46 846.8 N	弹性卸料，下出件

6.2.5　模具工件详细设计

1. 工作工件设计

本套模具的工作工件较多，主要是落料凸模、落料凹模、成型凸模、成型凹模、折弯凸模等。其设计方式如下。

（1）落料凸模。

如图 6 - 5 所示，本套模具的凸模镶件主要用于外形切边，它装配在上固定板上，采用销钉卡位，并用框定位。为防止落料时刃口磨钝，故材料应采用表面淬火处理。加工方式采用线切割机床加工。

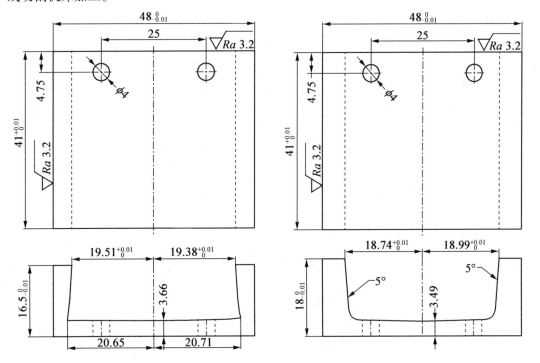

图 6 - 5　落料凸模

（2）折弯凸模、成型凸模、成型凹模及落料凸模。

折弯凸模：如图6-6(a)所示,用于成型工件的外表面,底部采用销钉固定。因 H62 黄铜材质硬度不高,故工件材料选用 Cr12,热处理 HRC60~64。

成型凸模与成型凹模：成型凸模只用于成型产品顶面的平面,底部采用销钉固定;而成型凹模用于成型整个产品的的内表面形状,采用螺丝固定在下模垫板上。如图6-6(b)、图6-6(c)所示。

落料凸模：此处的落料凸模主要用于将产品与料带分离,采用螺丝固定在上模垫板上,为防止落料时刃口磨钝,故材料应采用表面淬火处理。如图6-6(d)所示。

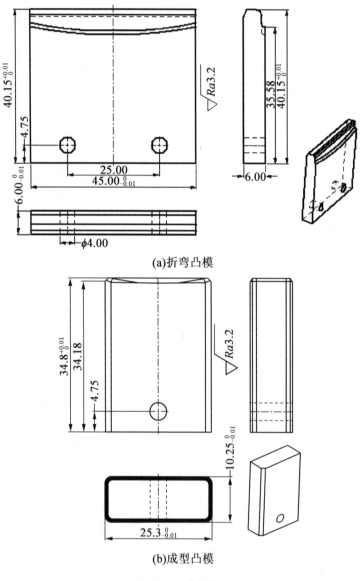

(a)折弯凸模

(b)成型凸模

图6-6　模具镶件

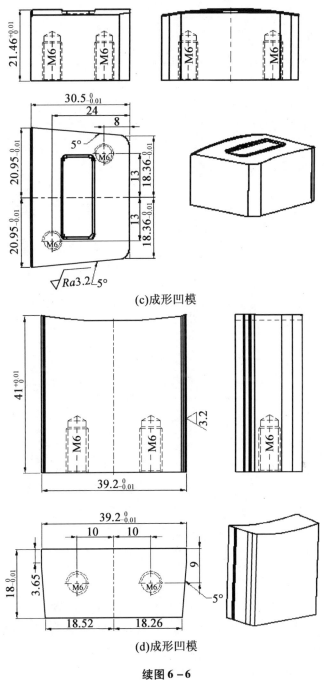

(c)成形凹模

(d)成形凹模

续图 6－6

（3）下模板。

图 6－7 所示为下模板的工件图,其作用有两点:一是作为落料凹模;二是用于固定下模镶件、浮升销与定位销等工件,其外形尺寸为 145 mm × 120 mm × 20 mm。工件材料选用 Cr12,热处理 HRC60~64。

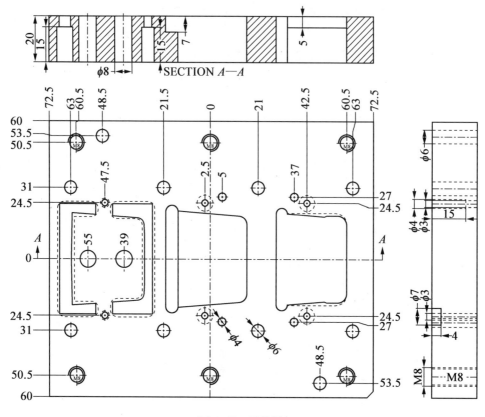

图 6 - 7　下模板

2. 定位工件设计

落料凸模下部设置 4 个导正销,用于对料带的导正。图 6 - 8(a)所示为 ϕ3 mm 的导正销工件图。导正应在卸料板压紧板料之前完成导正,考虑料厚和装配后卸料板下平面超出凸模端面 1 mm,所以导正销直线部分的长度为 1.8 mm。导正销采用 H7/r6 安装在落料凸模端面,导正销导正部分与导正孔采用 H7/h6 配合。

3. 浮升销与顶料销的设计

本套模具的导料工件主要采用浮升销,如图 6 - 8(d)所示,浮升销与条料之间的间隙取 0.5 mm,为了保证浮升销的强度,本套模具采用 ϕ6 mm 尺寸,浮升销底部装有圆线弹簧,保证产品高于成型镶件。由于料带厚度较薄,如果只采用浮升销顶料,有导致料带中间变形、脱出浮升销的风险,故在料带中间设计有 2 个 ϕ8 mm 与 4 个 ϕ4 mm 的顶料销,如图 6 - 8(b)、图 6 - 8(c)所示,其端面边缘设计有圆角,以防料带卡住。

4. 卸料部件的设计

(1)卸料板的设计。

卸料板的外形尺寸与下模板的外形尺寸相同,厚度为 15 mm。卸料板采用 45 钢制造,淬火硬度为 HRC40 ~ 45。

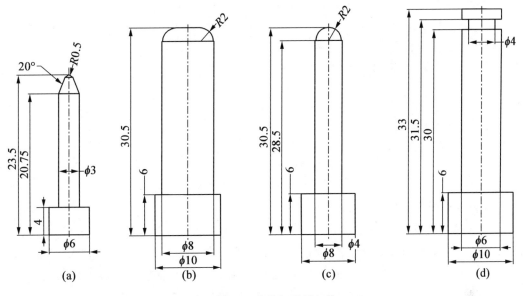

图 6 - 8　定位与顶料工件

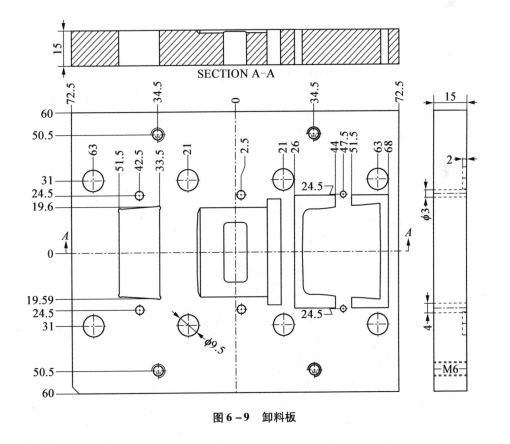

图 6 - 9　卸料板

（2）等高套筒的设计。

等高套筒的作用与等高螺丝相同，主要用于控制卸料板行程，其规格为 $\phi 3$ mm ×

$\phi 4.5$ mm $\times 48$ mm。如图 6 – 10 所示。

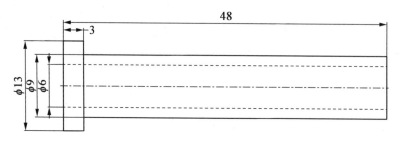

图 6 – 10　等高套筒

5. 模架及其他零部件设计

该模具采用四角导柱非标准模架,这种模架的导柱在模具中间位置,冲压时可防止由于偏心力矩而引起的模具歪斜。为防止装模时,上模误转 180°装配,将模架基准角上的导柱在顺着长度方向偏移了 2 mm,并以此导柱对应的基准角作为装模基准,选择模架规格如下。

导柱 $d \times L$ 为 $\phi 16$ mm $\times 130$ mm;导套 $d \times L \times D$ 分别为 $\phi 16$ mm $\times 80$ mm $\times \phi 25$ mm。

上模座厚度取 25 mm,即 $H_{上模} = 25$ mm;

上模垫板厚度取 20 mm,即 $H_{垫} = 20$ mm;

上固定板厚度取 15 mm,即 $H_{上固定} = 15$ mm;

卸料板厚度取 15 mm,即 $H_{卸} = 15$ mm;

下固定板厚度取 20 mm,即 $H_{下固定} = 20$ mm;

下模垫板厚度取 20 mm,即 $H_{下垫板} = 20$ mm;

下模座厚度取 25 mm,即 $H_{下模} = 25$ mm;

模具闭合高度 $H_{闭} = H_{上模} + H_{垫} + H_{上固定} + H_{卸} + H_{下固定} + H_{下垫板} + H_{下模}$

$$= (25 + 20 + 15 + 15 + 20 + 20 + 25) \text{mm}$$

$$= 140 \text{ mm}$$

可见该模具闭合高度小于所选压力机 J 23 – 25 的最大装模高度(220 mm),可以使用。

6. 模具总装图

通过上述设计,可得到如图 6 – 11 所示的模具总装图。模具上模部分主要由上模板、上垫板、凸模(5 个)、凸模固定板及卸料板等组成。卸料方式采用弹性卸料,以矩形弹簧为弹性元件。下模部分由下模板、下垫板、下固定板等组成。冲孔废料和成品件均由漏料孔漏出。

条料送进时采用试切法作为粗定距,在下固定板上安装 4 个导正销27,利用条料上的导正销孔进行导正,以此作为条料送进的精确定距。操作时完成第一步冲压后,通过两用浮升销 25 把条料抬起向前移动,冲压时下固定板上的导正销 25 再做精确定距。冲压过程中粗定位完成以后,当用导正销做精确定位时,由导正销上圆锥形斜面再将条料向后拉回约 0.2 mm 从而完成精确定距。用这种方法定距,精度可达到 0.02 mm。

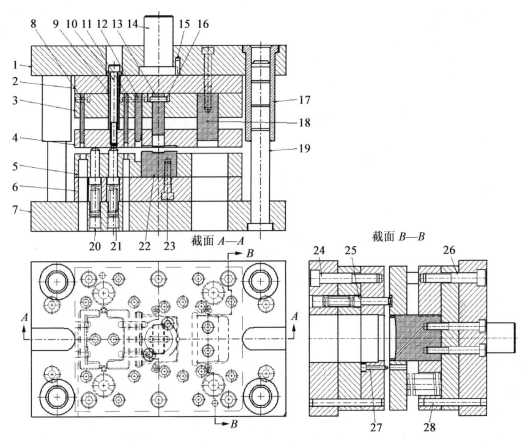

1—上模板;2—上垫板;3—上固定板;4—卸料板;5—下固定板;6—下垫板;7—下模板;8,11—切边凸模;
9—等高套筒;10,23,24,26—内六角螺丝;12—折弯凸模;13—成型凸模;14—模柄;15,16—定位销;17—导套;
18—落料凸模;19—导柱;20—无头螺丝;21—圆线弹簧;22—成型凹模;25—两用浮升销;27—导正销;28—定位销

图 6 – 11　模具装配图

6.2.6　选择及校核

1. 设备选择

通过校核,选择开式双柱可倾压力机 J 23 – 25 能满足使用要求,其主要技术参数如下。

公称压力:250 kN;

滑块行程:65 mm;

最大闭合高度:270 mm;

最大装模高度:220 mm;

连杆调节长度:55 mm;

工作台尺寸(前后 × 左右):370 mm × 560 mm;

垫板尺寸(厚度 × 孔径):50 mm × 200 mm;

模柄孔尺寸:ϕ40 mm × 60 mm;

最大倾斜角度:30°。

2.设备验收

模具的平面尺寸:220 mm×130 mm,小于工作台尺寸,符合安装标注。

模具的闭合高度为140 mm,小于压力机的最大装模高度,因此所选设备合适。

6.3　模具制造

本副级进模中,包含有成型、折弯等工序,所以模具工件加工的关键在工作工件、固定板以及卸料板,若采用线切割加工技术,这些工件的加式就变得相对简单。表 6-2 为各成型镶件的组合加工。

表 6-2　成型镶件加工

工序号	工序名称	工序内容	工序简图(示意图)
1	备料	采购毛坯:77.5 mm×63 mm×41 mm	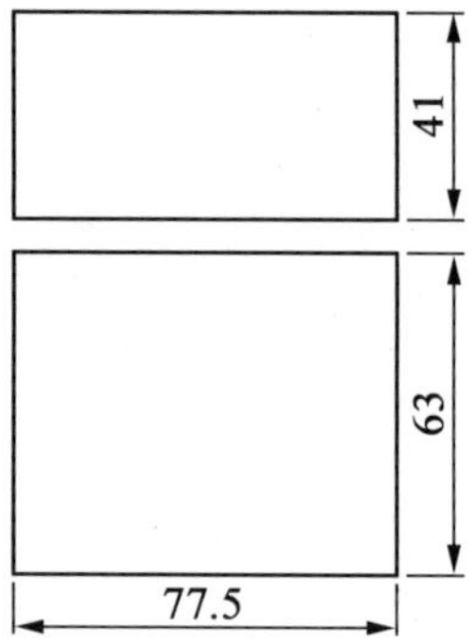
2	数铣粗加工	加工出成型工件的表面,留单边余量0.5 mm	
3	加工螺钉孔	按位置加工出螺钉孔	
4	热处理	按热处理工艺,淬火达到HRC58~62	
5	数铣精加工	加工出成型工件的表面,不留余量	
6	线切割	按图线切割,轮廓达到尺寸要求	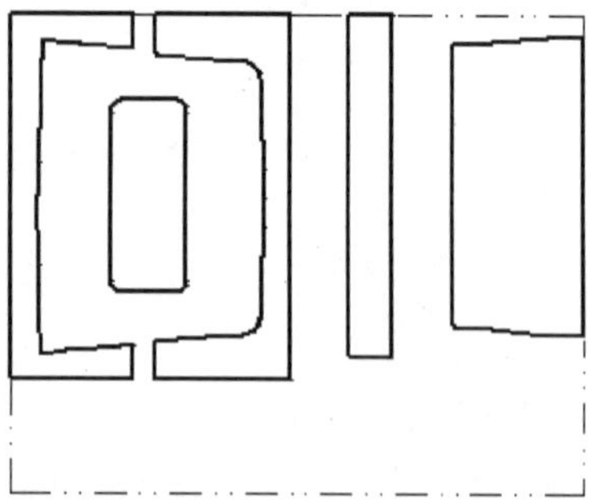

续表6-2

工序号	工序名称	工序内容	工序简图(示意图)
7	加工销钉孔	采用电火花,按位置加工出每个工件的销钉孔	
8	钳工精修	全面达到设计要求	
9	检验		

下模板、固定板以及卸料板都属于板类工件,其加工工艺比较规范,大部分特征采用线切割加工,此处不再赘述。

6.4 模具的装配

根据级进模装配要点,选凹模作为装配基准件,先装下模,再装上模,并调整间隙、试冲、返修。具体装配见表6-3。

表6-3 模具装配步骤

序号	工序	工艺说明
1	凸、凹模预配	①装配前,仔细检查各凸模形状及尺寸以及凹模型孔,是否符合图纸要求、尺寸精度及形状; ②将各凸模分别与相应的凹模孔相配,检查其间隙是否加工均匀,不合格的应重新修磨或更换
2	凸模装配	以凹模孔定位,将各凸模分别压入凸模固定板的型孔中,并挤紧牢固
3	装配下模	①在下固定板上画中心线,按中心预装成型凹模、两用浮升销、定位销及顶料销; ②以下固定板作为装配基准,装配下垫板与下模板,然后在顶料销与浮升销下面装上圆线弹簧与无头螺丝,并用螺钉坚固,打入销钉
4	装配上模	①在已装好的下模上放等高垫铁再在凹模中放入0.12 mm的纸片,然后将凸模与固定板组合装入凹模; ②用螺钉将固定板组合、垫板、上模座连接在一起,但不要拧紧; ③将卸料板4套装在已装入固定板的凸模上,装上卸料弹簧、等高套筒及螺钉,并调节弹簧的预压量,使卸料板高出凸模下端约1 mm; ④复查凸、凹模间隙并调整合适后,紧固螺钉; ⑤切纸检查,合适后打入销钉
5	试冲与调整	装机试冲并根据试冲结果做相应调整

【知识拓展6】

拓展6-1　多工位级进模概述

多工位级进模是指压力机在一次行程中,在不同工位上,完成两道或两道以上冲压工序的模具。多工位级进模是一种高精度、高效率、长寿命的模具,是技术密集型模具的重要代表,是冲模未来的发展方向之一。这种模具除进行冲孔落料工作外,还可根据工件结构的特点和成型性质,完成压筋、冲窝、弯曲、拉深等成型工序,甚至还可以在模具中完成装配工序。冲压时,将带料或条料由模具入口端送进后,在严格控制步距精度的条件下,按照成型工艺安排的顺序,通过各工位的连续冲压,在最后工位经冲裁或切断后,便可冲制出符合产品要求的冲压件。为保证多工位级进模的正常工作,模具必须具有高精度的导向和准确的定距系统,配备有自动送料、自动出件、安全检测等装置。所以,多工位级进模比较复杂,具有如下特点。

(1)在一副模具中,可以完成包括冲裁、弯曲、拉深和成型等多道冲压工序;减少了使用多副模具的周转和重复定位过程,显著地提高了劳动生产率和设备利用率。

(2)由于在级进模中工序可以分散在不同的工位上,故不存在复合模的"最小壁厚"问题,设计时还可根据模具强度和模具的装配需要留出空工位,从而保证模具的强度和装配空间。

(3)多工位级进模通常具有高精度的内、外导向(除模架导向精度要求高外,还必须对细小凸模实施内导向保护)和准确的定距系统,以保证产品工件的加工精度和模具寿命。

(4)多工位级进模常采用高速冲床生产冲压件,模具采用了自动送料、自动出件、安全检测等自动化装置,操作安全,具有较高的生产效率。目前,世界上最先进的多工位级进模工位数多达50多个,冲压速度达1 000次/分以上。

(5)多工位级进模结构复杂,镶块较多,模具制造精度要求很高,给模具的制造、调试及维修带来一定的难度。同时要求模具工件具有互换性,在模具工件磨损或损坏后要求更换迅速、方便、可靠。所以模具工作工件选材必须好(常采用高强度的高合金工具钢、高速钢或硬质合金等材料),必须应用慢走丝线切割加工、成型磨削、坐标镗、坐标磨等先进加工方法制造模具。

(6)多工位级进模主要用于冲制厚度较薄(一般不超过2 mm)、产量大,形状复杂、精度要求较高的中、小型工件。用这种模具冲制的工件,精度可达IT10级。

由上可知,多工位级进模的结构比较复杂,模具设计和制造技术要求较高,同时对冲压设备原材料也有相应的要求,模具的成本高。因此,在模具设计前必须对工件进行全面分析,然后合理确定该工件的冲压成型工艺方案,正确设计模具结构和模具工件的加工工艺规程,以获得最佳的技术经济效益。

拓展 6 - 2 级进模的结构组成

从图 6 - 12 可知,级进模的组成主包含以下部分。

1. 模板

(1)上模座垫板与下模座垫板。

这两块板主要根据冲床的行程决定而设计,要保证模具总的高度小于冲床的最小合模高度。故在大型冲床上,上、下模座垫板还可以设计成下图方式。

(2)上模座板与下模座板。

上模座板用于将上模部分固定在冲床的活动块上;下模座板用于将下模部分固定在冲床的工作台上。其厚度取值为 25 ~ 50 mm,长宽与厚度的具体尺寸根据工件大小决定,材料常用 45#。

(3)上垫板与固定板。

其作用是固定上模部分的成型工件及导向工件,上垫板常取 15 ~ 35 mm 厚,材料常用 40Cr,Cr12MoV;固定板取 20 ~ 30 mm 厚,材料常用 Cr12Mo1V1,SKD11。

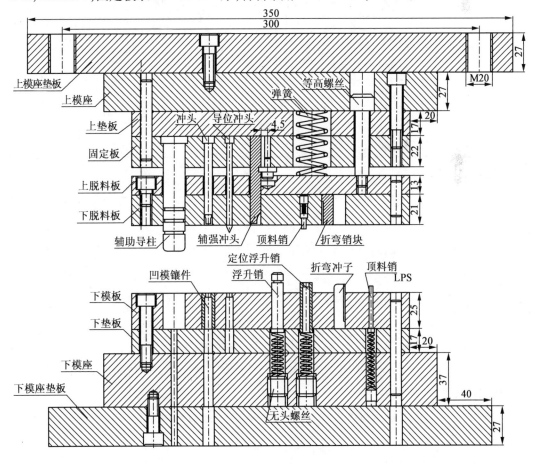

图 6 - 12 级进模结构

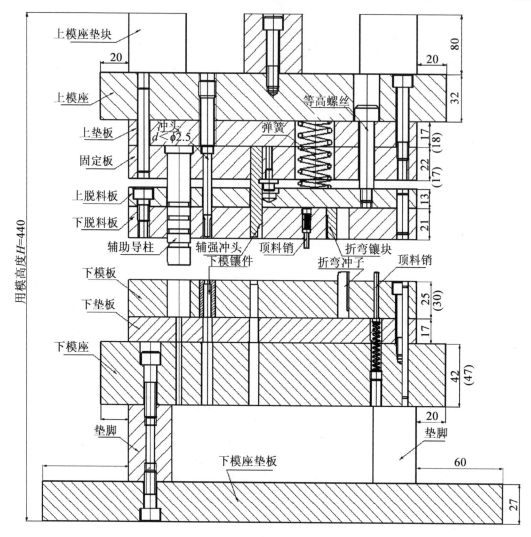

续图 6－12

（4）上脱料板与下脱料板。

上、下脱料板为一对组合板,其作用是防止工件粘在上模。上脱料板常取 15 ~ 35 mm 厚,材料常用 40Cr,Cr12MoV;下脱料板取 20 ~ 30 mm 厚,材料常用 Cr12Mo1V1,SKD11。

（5）下模板与下垫板。

其作用是固定下模部分的成型工件及导向工件,固定板取 20 ~ 30 mm 厚,材料常用 Cr12Mo1V1,SKD11;上垫板常取 15 ~ 35 mm 厚,材料常用 40Cr,Cr12MoV。

2. 工作工件

工作工件是指直接对坯料进行加工,完成板料分离或成型的工件。一般有凸模、凹模、凸凹模、刃口镶块等。

3. 导向工件

导向工件的作用是正确保证上、下模的相对位置,以保证冲压精度。常用的工件有导柱、导套、导板、导筒。

4. 辅助工件

(1)连接工件(螺钉,等高套筒及垫圈)。

(2)定位工件(定位销,导正销,定距侧刃,灌胶 PIN)。

(3)导料工件(导板,Lifter)。

(4)传力工件(螺塞,弹簧,传力销)。

(5)检测装置(误送/叠料/波动/光电检测)。

(6)其他(压板,止高块,限位柱,浮料块,浮料销,顶杆)。

拓展 6-3　结构设计原则

(1)尽量选用成熟的模具结构或标准结构。

(2)模具要有足够的刚性,以满足寿命和精度的要求。

(3)结构应尽量简单、实用,要具有合理的经济性。

(4)能方便地送料,操作要简便安全,出件容易。

(5)模具工件之间定位要准确可靠,连接要牢固。

(6)要有利于模具工件的加工。

(7)模具结构与现有的冲压设备要协调。

(8)模具要容易安装,易损件更换要方便。

拓展 6-4　产品图的公差缩放

缩放原理指由于产品冲出来之后,总是存在微小的毛边,其内孔一般偏小,外形一般偏大,至于毛边的大小,与冲裁间隙和冲子、刃口的锋利程度有关。冲裁间隙越大,毛边愈大;冲子、刃口钝化后,毛边也会增大。故冲子、刃口冲了一定的时间后,常常需要将刃口磨去 $0.3 \sim 1.0$ mm。其毛边到底大多少也与材料厚度有关,一般薄材($T \leqslant 0.5$)双边大 $0.01 \sim 0.02$ mm,厚材($T > 0.5$)大 $0.01 \sim 0.05$ mm。缩放要点分以下几种形式。

1. 未注公差的尺寸

一般不考虑,是多少就是多少。

2. 带单向公差的,如($x_{-0.00}^{+0.10}$ 和 $x_{-0.10}^{+0.00}$)

(1)若是外形公差(外轮廓)。

正公差:取其下偏差,即基本尺寸。

负公差:取其下偏差,即基本尺寸 - 公差值。

(2)若是内形公差(即内孔)。

正公差:取其上偏差,即基本尺寸 + 公差值。

负公差:取其上偏差,即基本尺寸。

3. 带正负公差的,如(± 0.10、$x_{-0.05}^{+0.10}$、± 0.03)

(1)若公差值 $\geqslant 0.05$ 时,可取中间值,即基本尺寸。

（2）若公差值＜0.05 时，

①若是外形公差：取其下偏差 +1/3 公差值（即基本尺寸 - 公差值 +1/3 公差值）。

②若是内形公差：取其上偏差 -1/3 公差值（即基本尺寸 + 公差值 -1/3 公差值）。

4. 当两者中心线之间有公差时，一般取中间值，即基本尺寸

5. 举例如下

如图 6 - 13 所示，尺寸分析如下。

（1）尺寸 5.0，属于第一种情况，不考虑公差。

（2）尺寸 $8.0_{-0.05}^{+0.00}$，属于第二种情况。

其值 = 8.0（基本尺寸）- 0.05（公差值）= 7.95。

（3）尺寸 31.0 ± 0.05，属于第三种情况，取中间值。

（4）尺寸 $14.5_{-0.05}^{+0.1}$，属于第四种情况，取中间值。

（5）尺寸 $5.5_{-0.00}^{+0.05}$，属于第二种情况，其值取 5.55。

（6）尺寸 5.0 ± 0.03，属于第三种情况。

其值 = 5.0（基本尺寸）+ 0.03（公差值）- $\frac{1}{3}$ × 0.03（公差值）= 5.02

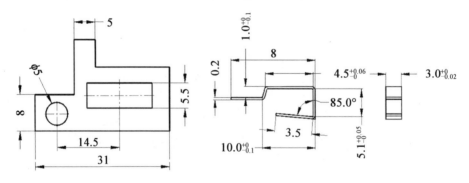

图 6 - 13　工件尺寸公差

拓展 6 - 5　产品图尺寸图展开

展开原理：利用体积不变的原则，即用某一截面的总面积去除以材料厚度可得到该方向的展开长度，其实展开即使是同一尺寸也因各人经验而异，没有绝对的一个数值，只要在公差范围即可。展开要点及步骤如下。

步骤 1：看懂产品图，能想象出它的立体形状以及具体每一部位的细节（展开前的基本要求）。

步骤 2：弄清楚产品的材厚和材质。

步骤 3：具体展开计算。

①用体积法（一般适合有变薄的弯曲）。

②用展开计算公式。

由于产品在弯曲过程中有的地方被拉长或压缩，但总可以找到某一层的弯曲线长度是不变的,不变的层称为中心层(不是中间层),我们就是利用中心层来进行展开的。因此,我们要想进行展开,就必须找出中心层,如图 6 – 14 所示设中心层系数为 k,弯曲内半径为 r,材料厚度为 t,弯曲角为 α,L_1、L_2 为直线部分长度,展开长度值为 L,则有

$$L = L_1 + L_2 + 2\pi(r + kt)\alpha/360$$

中心层系数 k 的大小根据实践经验可按下列公式选取:

①当 $r/t \leqslant 0.5$ 时,$k = 0.25$。

②当 $0.5 < r/t \leqslant 1$ 时,$k = 0.25 \sim 0.30$。

③当 $1 < r/t \leqslant 2$ 时,$k = 0.30 \sim 0.33$。

④当 $2 < r/t \leqslant 4$ 时,$k = 0.33 \sim 0.38$。

⑤当 $r/t > 4$ 时,$k = 0.38 \sim 0.45$。

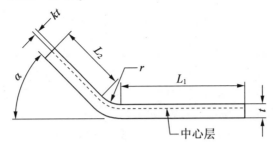

图 6 – 14　中心层

此公式适合一切材料厚度的弯曲展开计算,具体在实践应用中,当 r/t 取上限时,k 也应取上限值,如当 $r/t = 0.5$ 时,$k = 0.30$。

　　注　当 $r/t = 0 \sim 0.5$ 时,即所谓的清角,此时 $k = (0.25 \sim 0.3)t$,若是 90°弯曲,此时弯曲部分的补偿值 $L = 2\pi k/4$ 的长度与平常所说的"当是 90°清角弯曲时,$L = (0.4 \sim 0.45)t$"的值是一样的,只不过后者是前者的一个特例,在此推算一下:

$$L = 2\pi k/4 = 2\pi \times 0.25t/4 = \pi t/8 = 0.392\,5t \approx 0.40t$$
$$L = 2\pi k/4 = 2\pi \times 0.30t/4 = \pi t/8 = 0.471\,0t \approx 0.45t$$

也就是说当清角 90°弯曲时,用 $L = 0.4 \sim 0.45t$ 或 $k = 0.25 \sim 0.30t$ 两个公式来展开计算都行。

步骤 4:当包圆时,展开计算公式与上述不一样,因为包圆时,材料厚度变薄很少,或者几乎不变,中性层接近中间层。

①当包小圆时($\phi < 5.0$),其中心层系数 $k = 0.45$;

②当包圆时($5.0 < \phi < 10.0$),其中心层系数 $k = 0.45 \sim 0.50$;

③当包大圆时($\phi > 10.0$),其中心层系数 $k = 0.5 \sim 0.55$。

步骤 5:通过查表 6 –4,找出中心层系数的大小,再进行展开计算也行,在此不做详细叙述。

步骤 6:产品的圆角处理。

①产品上的圆角一般保持不变,但若是尖角,一般用最小圆角 $R0.13$ 去拟化它,对于产品上 $R0.1$ 的圆角,尽量用 $R0.13$ 去代替;对于 $R < 0.1$ 的圆角或清角,如果是重要尺寸(改变会影响功能的尺寸),则不改变它,采用过切来达到要求。

表 6-4　展开方法

元素实体	内半径 /mm	系数比 r/t	中心层半径 /mm	元素角度	元素展开长度 /mm	总和 /mm
线段 1	—	—	—	170°	0.595 3	0.595 3
圆弧 2	0.4	0.4/0.15	0.46	60°	0.481 7	1.077
线段 3	—	—	—	110°	0.552 1	1.629 1
圆弧 4	0.25	0.25/0.15	0.302 5	70°	0.369 6	1.998 7
线段 5	—	—	—	0°	3.021	5.019 7
圆弧 6	0	0	0	90°	0.058 9	5.078 6
线段 7	—	—	—	90°	1	6.078 6
圆弧 8	0.3	0.3/0.15	0.36	120°	0.754	6.832 6
线段 9	—	—	—	210°	0.8	7.634 6

图 6-15 所示图形的展开总长 7.634 6 mm,取 7.63 mm,在展开时,直线部位可取材料厚度的任一边,(因为两者平行相等)在圆弧部分,必须是内 r 偏离一个 kt 距离,再用 MO 命令量出这个半径为 $r + kt$ 的圆弧的长度,就是圆弧部分展开长度。

技巧:找出中心层后可把中心层各段直线圆弧首尾连接起来,再用 PE 命令把直线和圆弧编辑成一条多义线,再用 len 命令量出这条多义线的长度(即展开总长),这样快一点,可以省略一个个去相加。如图 6-16 所示可把图中 1、2、3、4、5、6、7、8、9,这 9 条线段编辑成 1 条多义线,再量出长度即可得展开全长。

②如图 6-17 所示,设材料厚度为 0.25 mm,从图中可以看出,向上弯曲的两个耳朵材料已经被挤薄了 0.12 mm,那么在展开时,就只能按体积计算了,其展开长度 $L = L_1 + L_2 \times t_1 / T$。

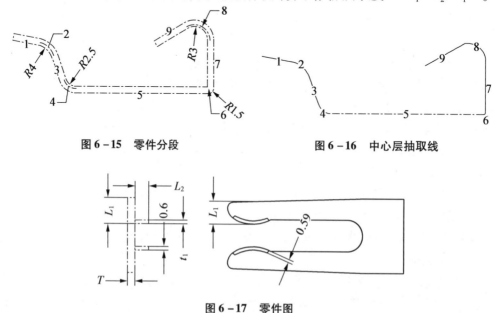

图 6-15　零件分段　　　　　　　　　　图 6-16　中心层抽取线

图 6-17　零件图

拓展 6 - 6　产品排样

产品排样就是指产品图样的排列。

在多工位级进模设计中,排样的目的是指将毛坯料(料带)经过冲孔、落料、压毛边、拉伸、抽牙、弯曲、成型等各个工序,最后形成产品。而排样就是指安排这些工序的前后顺序、总共要多少工序、各工序之间互相调协,使其承前继后,合情合理的设计过程。

1. 排样的步骤

步骤 1:确定产品展开尺寸后,根据产品的毛边方向,确定冲裁和成型方向,无毛边要求时一般不受限制;若产品上有毛边方要求时,这时一定要注意它的冲裁和成型方向(向下还是向上成型),冲孔毛边留在刃口面,落料毛边留在冲子面,一般机箱外壳类工件出于使用美观和安全性能的要求,其毛边要留在产品的里边(成型的内边),如图 6 - 18、图 6 - 19 所示属于外壳类电子五金工件,如果图纸上有毛边要求时,则要按要求去做,没写毛边要求也应尽量让毛边留在里边,若成型更方便,也可留在外边,如图 6 - 20 所示,已规定毛边方向,只能向下成型。

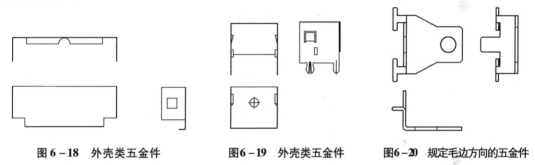

图 6 - 18　外壳类五金件　　　图 6 - 19　外壳类五金件　　　图 6 - 20　规定毛边方向的五金件

步骤 2:依据产品展开尺寸,粗略估算步距(PITCH = 产品该方向最大长度 + 1 ~ 2 mm,中间有连接带除外),用 ARRAY 命令作出横排、纵排、对称排、交错排、斜排(很少用)等几种方案进行分析、比较并进行综合,在保证产品顺利生产出来的前提下,选择最佳方案,具体注意以下几点。

①第一要考虑这样排,成型是否容易和稳定,后一工序是否对前一已成型好的工序产生破坏作用,或者后一工序无法成型,冲子和入子强度是否足够。

②第二要考虑料带在模具中能否顺利送料,前一工序成型之后能否继续平稳送到下一工序,包括考虑浮升高度和连接带的位置及强度,浮升高度越低越好,一般不超过下模板厚度的 1/2,因为太高易引起摆动,料带定位不准和变形。

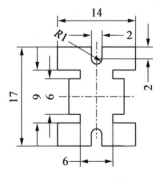

图 6 - 21　产品图

2. 连接带

连接带又称为载体 - CARRY,有以下几种形式。

(1)无连接带属于无废料排样,工件外形往往具有对称性和互补性,通常采用单 PIN 切断落料或双 PIN,一个落料一个切断,如图 6 - 21 所示。

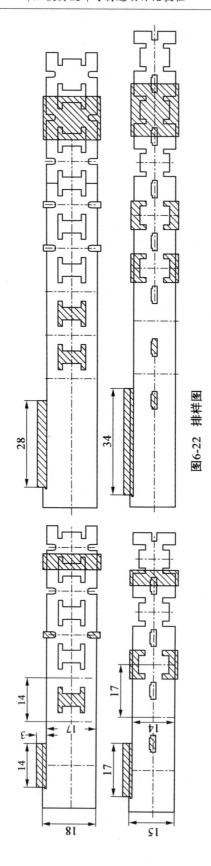

图6-22 排样图

说明:该产品无连接带排样采用单侧裁边定位的四种方案都行,前两种采用切断形式,产品从旁边滑下去,后两种采用落料形式,一个落下去,另一个从旁边滑下去,此种排样形式的特点是材料利用率高,毛刺方向不一致,产品精度低,所以应用很少。

(2)边料连接带是利用条料搭边废料作为载体的一种形式,这种载体传送料带强度较好,并且结构简单,主要用于落料型排样中,如图 6-23 所示。

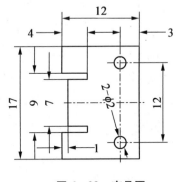

图 6-23 产品图

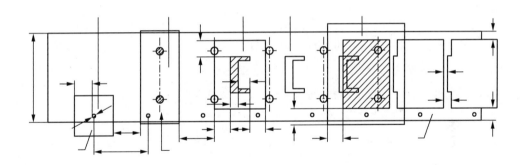

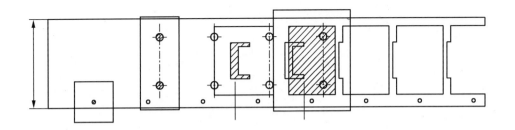

图 6-24 排样图

说明:

①该产品成型过程为第一步冲导正孔,第二步冲孔,第三步冲孔,第四步空位,第五步落料。

　　②边料连接带的特点是条料导向性好,易收集,为了提高材料利用率,连接带可取小些,一般只需 2 ~ 4 mm 即可。该工件采用先冲孔后落料方式生产,采用搭边废料作连接带,并先冲一个导正孔作定位孔,如果工件上有现成圆孔且圆孔精度要求不高时(即公差较大),可采用该圆孔作为导正孔。

　　由于产品一般有毛边要求,毛边不能过大,因此下模板刃口常做成镶拼式入子结构形式(有的产品批量很少,也不做入子),由于刃口入子四周壁厚(即 L 值)一般取 3 ~ 4 mm,在排样时要注意两个入子之间的距离(即 L_1 值),一般要求 ≥2 mm,当 $L_1 < 2$ mm 时要么移到下一工步,要么割通两入子相连,如图 6 - 24 第⑤工步向前移一工步与第③工步相连,这样将会缩小模板的尺寸。

　　(3)单连接带是在产品条料的一侧留出一定宽度的材料,并在适当位置与产品相连接,实现对产品条料的运送,一般适合切边型排样,如图 6 - 25 ~ 6 - 36 所示。

　　说明:

　　(1)由于产品一般有电镀和装配要求,对于小电子五金工件,为了电镀和装配方便,大多数采用料带的形式先打预断,电镀后装配时再用手或机械手折断,当然也有少数采用落散 PIN 的形式。具体形式需依图纸要求或与产品工程师磋商。

　　(2)单连接带特点。

　　比双连接带宽度要大,在冲压过程中条料易产生横向弯曲,无载体的一侧导向较困难,单连接带每边连料宽度一般为 3 ~ 5 mm,材料越宽越薄,取较大值。

　　图 6 - 25 所示为材料较厚,加上料宽较小,连接带宽度取得较小。

　　图 6 - 26 与图 6 - 25 差不多,它是单个落散 PIN 的形式。

　　图 6 - 27 所示为冲两种产品,采用落料形式,由于材料较薄且条料较宽,为了增加条料传送的强度,连接带应适当加宽。

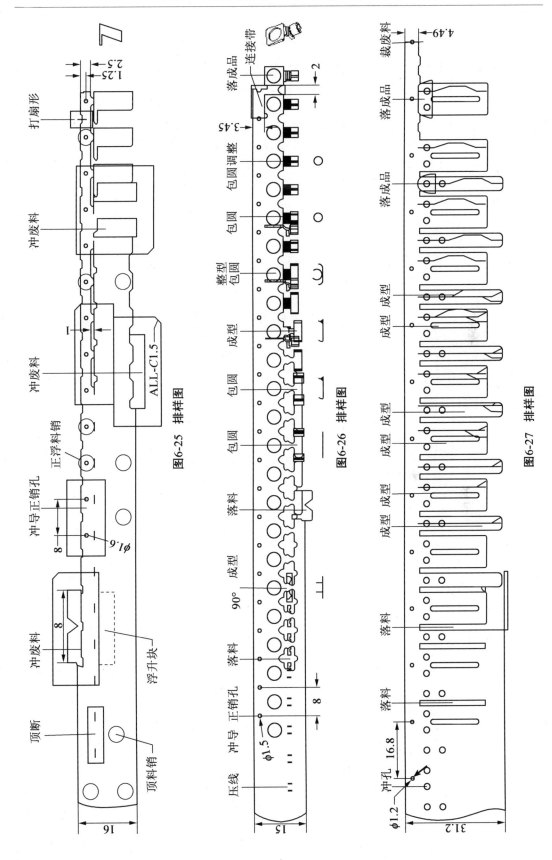

图6-25　排样图

图6-26　排样图

图6-27　排样图

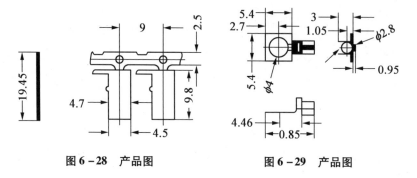

图 6 – 28　产品图　　　　　　　　图 6 – 29　产品图

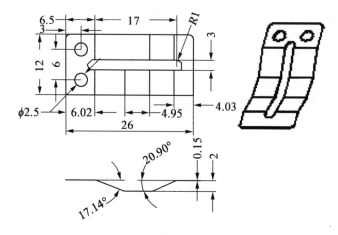

图 6 – 30　产品图 1

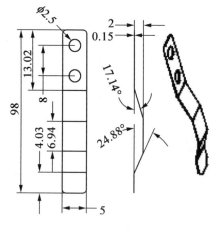

图 6 – 31　产品图 2

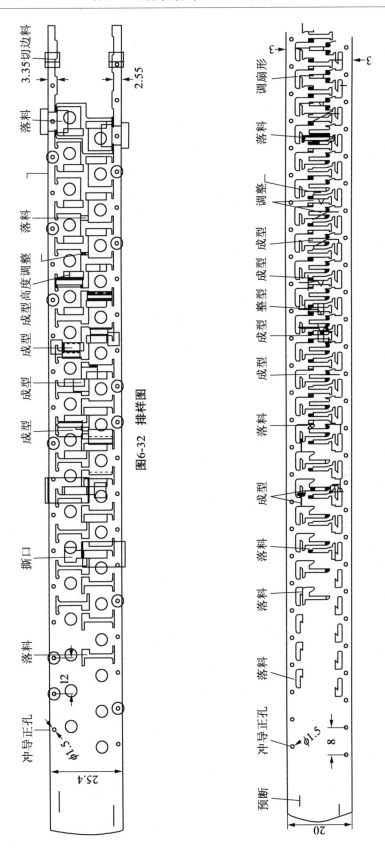

图6-32　排样图

图6-33　排样图

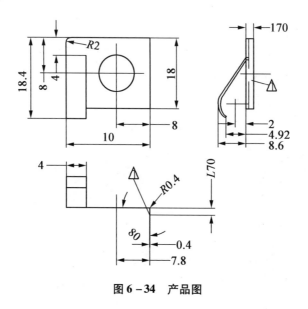

图 6 – 34　产品图

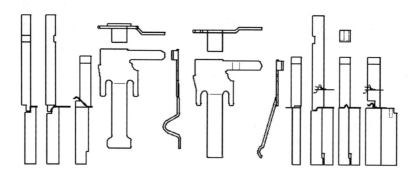

图 6 – 35　产品图及成型镶件设计

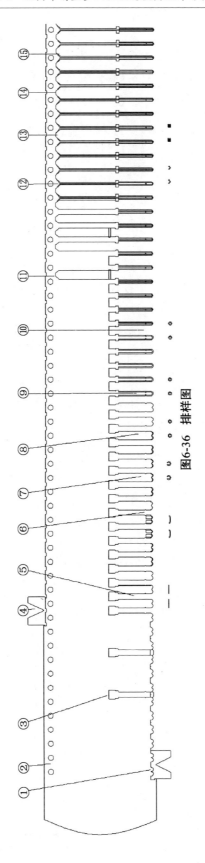

图6-36　排样图

（3）注意点。

①单连接带适合大多数五金电子小工件,但必须保证条料运送强度,料带不能太宽（$W < 60 \sim 70$ mm）,不过在实践应用中,有时考虑产品生产批量较大,或为了提高材料利用率,常常采用双向排（图 6-32）或双向交叉排（图 6-33）,实际上就是一模出两根料带,并且尽可能想办法在两个产品相邻的地方找出合适的部位,以一定的宽度 $W > 0.5$ mm（没有成型的部位）把两边料带相连起来（类似双连接带,不妨称为"手牵手"）,这样大大地增加整个料带的强度。可以先打凸点、压毛边、成型等一切做好之后,再把"手牵手"部位冲掉即可,这样料带在模具中传送顺利,定位性好,成型稳定。否则就会经常出现卡料或"打架"的情况,当然这种情况适合"分手"之前有较多的成型工步（>1）,如果仅有一工步,倒不必多费心思了。

②当然,并不是所有的排样都采用双排,它只适合在批量较大或节省材料而且两料带又互不干涉的情况下采用。实践证明,一根条料分出的料带数越多,PIN 数越高,生产过程越不稳定,且冲出来的产品精度也就越低,故在设计排样时,在能冲出合格产品的前提下,工序数越少越好,这样模板尺寸也小一些。因此,产品成型工序较多时,采用双排样而又无相连的地方,肯定是行不通的, 只能采用单排（图 6-36）。

③单连接带送料时,如果两成型特征之间成型时互不影响的话,那么最好先落这部分料,接着成型,再落另一部分料,再成型,这样分步做,它的目的是使料带有足够的强度,增加压料面积,提高成型部位的定位精度,增强成型的稳定性。如图 6-36 所示,冲了第③工位料后,接着进行⑤、⑥、⑦、⑧、⑨、⑩工站的成型包圆,再落⑪工站料,再成型尾端部分。

双向排（图 6-32）把产品展开后,确定与连接带相连的地方及宽度,再把该产品展开图和连接带整体旋转 180°,再放在原产品相对应的位置,既可以放在对称的位置,也可以与之交叉,关键是看能否节省材料以及两者之间是否有连料的地方。在排放时,两者之间的最小间隙@（$T < 0.5$ 时,@ $> 0.5 \sim 1.2$ mm,$T > 0.5$ 时,@ $> 1.0 \sim 2.0$ mm）应达到冲子的强度,太小的话冲子易断,太大又浪费材料。同理,在确定步距时也是如此,因此要根据材料厚度来选取一个合理的数值,通常取 1.0 左右即可。

（4）双连接带是在工件条料的两侧分别留出一定宽度的材料,并在适当位置与产品两边相连接,实现对工件条料的运送,它比单连带运送更顺利,料带定位精度更高,它适合产品两端都有接口可连的情况,特别适合材料（$T \leqslant 0.4$ mm）较薄,料带运送强度较弱的情况,如图 6-37 和图 6-38 所示。

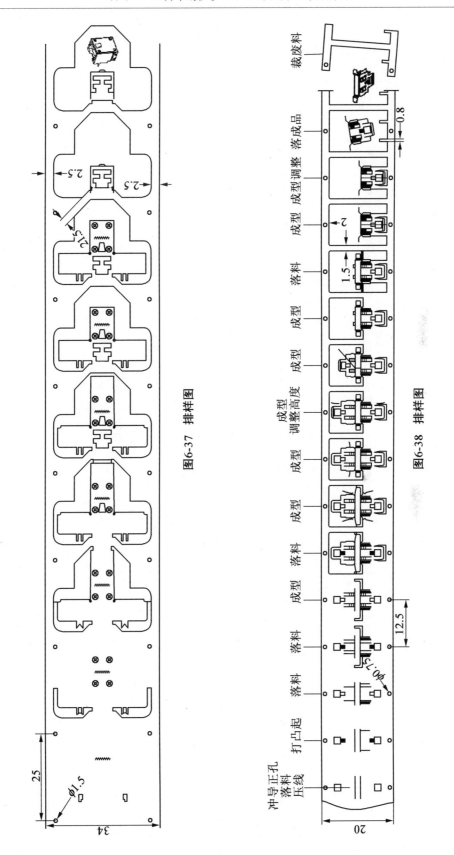

图6-37　排样图

图6-38　排样图

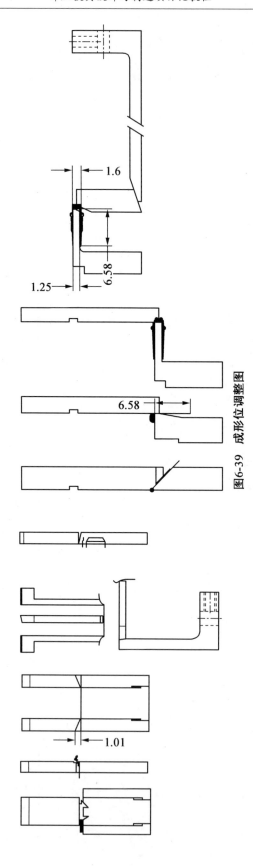

图6-39　成形位调整图

说明：

双连接带的特点，送料顺利，定位精度较高，耗料较多。当条料宽度 W < 30 mm 时，只需一边采用导料针定位即可；条料宽度 W > 30 mm 时，一般两边都采用导料针双连接带，每边连料宽度一般为 2 ~ 5 mm；材料越宽越薄，取较大值，双连接带适合一般五金外壳类小工件。

图 6 - 37 所示的材料较薄且料较宽，连接带取 4 mm 或 5 mm。

图 6 - 38 中由于材料较薄且料带较宽，采用桥梁式双连接带，其送料、导向强度均较好，实践证明其中间连接带宽度为 2 mm 或 3 mm，这样步距可减少 1 mm，将节约材料。其最后一工步裁废料可要可不要，一般根据各厂冲压生产设备而定。若有自动收料装置时，可不要裁废料这一步，不过最好还是设计进去，到时采用自动收料时，只需切断冲子不装即可。

图 6 - 39 所示为料带的料宽，步距和浮升高度设计计算过程如下。

已知产品的展开尺寸长为 19.74 mm，宽 29.22 mm，采用横向排样，

$$料宽 W = 宽 29.22 + 2 × 连接带(2 × 4.0) + 2 × 冲子最小厚度(2 × 1.0)$$
$$= 39.22(mm) ≈ 40.0(mm)(最好以 0.5 为单位取整)$$
$$步距 P = 长 19.74 + 1 × 连接带(1 × 3.0) + 2 × 冲子最小厚度(2 × 1.0)$$
$$= 24.74(mm) ≈ 25.0(mm)$$

浮升高度 P(min 值) = 产品厚度 3.05 mm(因为后面有切断刃口挡住) + 底下凸起 0.94 mm(在送往后一工步中，为了不再在模板上铣槽让位) + 让位间隙量 1 mm(一般取 1 ~ 3) = 4.99 mm ≈ 5 mm。

(5)中心连接带。

与单载体相似，它是在产品条料的中间留出一定宽度的材料，并与产品前后两边相连，它比前者节省材料，在弯曲工件排样中应用较多；因为导正销孔在中间常引起拉料，故常需在引导针中间交错加一些弹性顶料定位针，如图 6 - 40 所示。

中心连接带特点是料带宽度方向导向困难，常出现卡料现象，中心载体易出现横向弯曲。中心连接带的宽度取值跟单连接带宽度差不多，是单连接带的综合，两者能够转换"设计"，但比单连接带节省材料。中心连接带一般适合：

①产品前后首尾相连(这种排样才称为真正的中心连接带，如图 6 - 42 所示)；

②一个 PIN 距冲两个产品，产品旋转 180°后，再放在原产品相对应的连接带的另一侧，如图 6 - 40 所示，目的可能为节省材料，或条料宽度太窄(T < 5 mm)；

③两个对称的产品，如图 6 - 40 所示；

④两个不同的产品，如图 6 - 41 所示。

注意：中心连接料带常出现拉料，故应在适当位置设计定位顶料针。

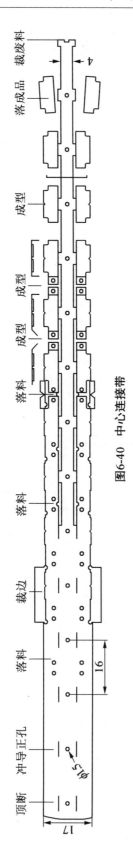

图6-40　中心连接带

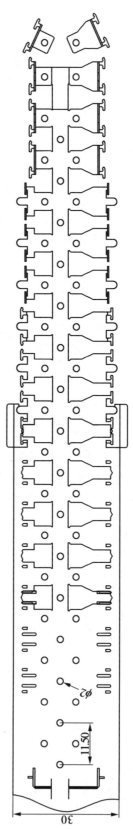

图6-41　两个不同的产品排样

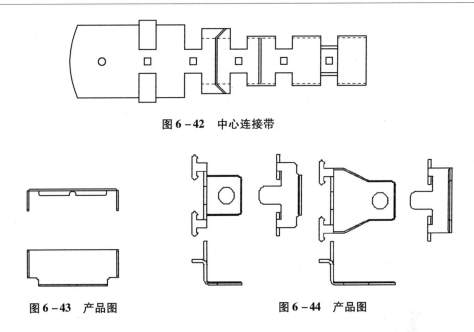

图 6 - 42　中心连接带

图 6 - 43　产品图　　　　　　图 6 - 44　产品图

（6）连接带的选取。

产品展开之后，仔细分析产品的各个部位，哪些地方需要成型，哪些地方仅仅落料，然后在落料的地方选择恰当的位置引出连接带，使之既能保证料带的平稳运送，又不影响产品的成型。至于选择什么类型的连接带，要根据产品的特点而定，确定产品展开尺寸后，根据产品的毛边方向，确定冲裁和成型方向，有无毛边要求。

表 6 - 5　连接带的设计参数　　　　　　　　　　　　mm

T	W	A_{min}	B	C	D_{min}	L_{min}	N_{min}
≤ 0.3	< 35	3		1.5	2.5	1	0.5
	> 35	4 ~ 5		2 ~ 3	3.5	1	0.5
$0.3 < T \leq 0.6$	< 35	3		1.5	2.5	1 ~ 1.5	1
	> 35	4 ~ 5		2 ~ 3	4	1 ~ 1.5	1
$0.6 < T \leq 0.8$	< 40	4	越大越好	2	3	1.5 ~ 2	1
	> 40	5 ~ 6		2 ~ 3	4	1.5 ~ 2	1.5
$0.8 < T \leq 1.2$	< 40	4		2	3	1.5 ~ 2	1.5
	> 40	5 ~ 6		2.5 ~ 3	4	2 ~ 2.5	1.5
$1.2 < T \leq 2.0$	< 40	4		3	4	3 ~ 4	2
	> 40	6 ~ 7		3 ~ 4	5	3 ~ 4	2

注：W < 30 mm 时，连接带只需一边采用导位针即可，如图 6 - 45 所示。

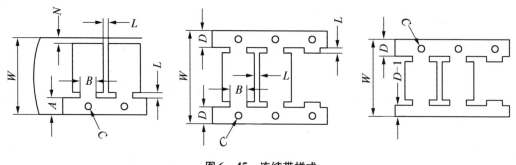

图 6 - 45　连续带样式

拓展 6 - 7　工序先后确定方法

确定排样方案后,这时应该对整个产品冲压和成型过程有一个基本的认识,怎样去安排这些工序的先后关系呢?即先冲哪里,后冲哪里;先成型哪步,后成型哪步;某一成型工序能否一次成型出来,还是分两步(图 6 - 46 中 90°弯曲)成型。

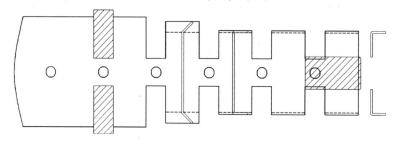

图 6 - 46　90°弯曲排样

注意点:

(1)一般先裁边,冲导正,打预断,打凸点,撕口(切口、拉伸);后冲孔落料,压毛边,成型。分两步折弯的,先成型一半,后成型另一半。

(2)在冲孔落料时,一般先冲小孔,后冲大孔;先冲落成型周边的废料,再落其他部位的余料;因为冲小孔若放在后面,那么它在冲裁时,冲子四周对应料带上的部位可能有缺口(前面已冲过的孔)。在冲压过程中,将会引起受力不均(会产生侧向力),本来小孔冲子强度很弱,加之受力不均,极容易折断(图 6 - 47)。当然这仅是大多数情况,有时根据实际情况需要,小孔冲只能排在后面,不过办法还是有的,如果冲子厚度实在太小,可按下列两种方法进行补强:①采用脱板精密导向;②冲子采用 PG 加工。

设材料厚度为 T,冲子厚度为 S 冲子太弱时的参数见表 6 - 6。

表 6 - 6　冲压太弱时的参数　　　　　　　　　　　mm

T	S	T	S
$T \leqslant 0.3$	0.2~0.5	$0.8 < T \leqslant 1.2$	0.6~1.8
$0.3 < T < 0.5$	0.2~0.8	$1.2 < T < 2.0$	0.8~3.0
$0.5 < T \leqslant 0.8$	0.4~1.5		

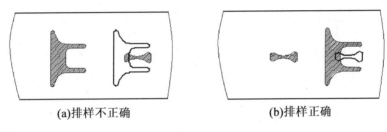

(a)排样不正确　　　　　　　　(b)排样正确

图 6 – 47　冲子拆分对比

（3）当碰到"L"形弯曲或产品单排时材料利用率太低时,可考虑对称排或交错排,这样对称成型受力均匀,成型稳定,材料利用率可大大提高(图 6 – 46)。

（4）要考虑冲裁 PIN 数和步距(主要针对接插件类小端子产品,一般五金外壳类或较大工件为单 PIN)。

（5）要考虑材料利用率,尽可能提高材料利用率,降低生产成本。

拓展 6 – 8　确定是否采用裁边

裁边一般用在连续模和落料模上,它的作用是起粗定位,在试模时便于送料;有的裁边还兼有冲外形的作用,如果模具先冲定位针孔,接着马上用引导针导正,一般不用裁边。没有引导针的模具,要先裁边来定距,一般用在落毛坯的落料模中。裁边的冲子形状、参数如图 6 – 48 所示。

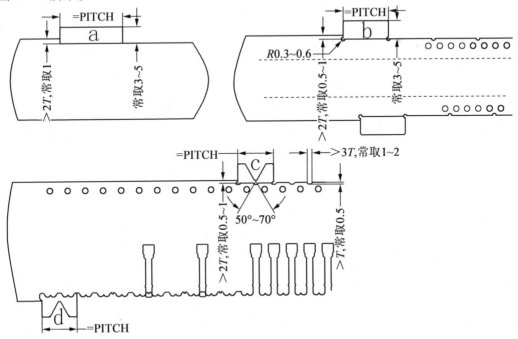

图 6 – 48　裁边方案

　　a 这种冲子常用于落料模和厚材裁边中,定位精度低,它的长与步距相等,宽只要保证冲子强度即可,常取 3～6 mm。

　b 这种冲子头部有一个 3/4 的圆弧(R 常取 0.3～0.6 mm),它的长小于等于步距,目的是让裁边废料卡在里面,防止跳屑,常用于冲薄材高速模具。

c 这种冲子同 b 一样,是它的变异,其中 V 形的作用用来卡住裁边废料防止翻转跳屑,它的角度为 50°～70°。

d 这种冲子既裁边,又兼落外形。

附　　录

附表 1　开式压力机技术规格

项目			40	63	100	160	250	400	630	800	1 000	1 250	1 600	2 000	2 500	3 150	4 000
公称压力/kN			40	63	100	160	250	400	630	800	1 000	1 250	1 600	2 000	2 500	3 150	4 000
发生公称压力时滑块距下死点距离/mm			3	3.5	4	5	6	7	8	9	10	10	12	12	13	13	15
滑块行程/mm			40	50	60	70	80	100	120	130	140	140	160	160	200	200	250
行程次数/(次·min⁻¹)			200	160	135	115	100	80	70	60	60	50	40	40	30	30	25
最大封闭高度	固定台和可倾式/mm		160	170	180	220	250	300	360	380	400	430	450	450	500	500	550
	活动台位置	最低/mm				300	360	400	460	480	500						
		最高/mm				160	180	200	220	240	260						
封闭高度调节量/mm			35	40	50	60	70	80	90	100	110	120	130	130	150	150	170
滑块中心到床身的距离/mm			100	110	130	160	190	220	260	290	320	350	380	380	425	425	490
工作台尺寸	左右/mm		280	315	360	450	560	630	710	800	900	970	1 120	1 120	1 250	1 250	1 400
	前后/mm		180	200	240	300	360	420	480	540	600	650	710	710	800	800	900
工作台孔尺寸	左右/mm		130	150	180	220	260	300	340	380	420	460	530	530	650	650	700
	前后/mm		60	70	90	110	130	150	180	210	230	250	300	300	350	350	400
	直径/mm		100	110	130	160	200	230	260	300	340	400	400	460	460	530	
立柱间距离/mm			130	150	180	220	260	300	340	380	420	460	530	530	650	650	700
活动台压力机滑块中心到床身紧固工作台平面的距离/mm							150	180	210	250	270	300					
模柄孔尺寸（直径×深度）/(mm×mm)			φ30×50				φ50×70			φ60×75			φ70×80		"T"形槽		
工作台板厚度/mm			35	40	50	60	70	80	90	100	110	120	130	130	150	150	170
垫板厚度/mm			30	30	35	40	50	65	80	100	100	100					
倾斜角（可倾式工作台压力机）			30°	30°	30°	30°	30°	30°	30°	30°	30°	25°	25°	25°			

附表 2　模具工作工件的常用材料及热处理要求

模具类型		工件名称及使用条件	材料牌号	热处理硬度（HRC）	
				凸模	凹模
冲裁模	1	冲裁料厚 $t \leqslant 3$ mm，形状简单的凸模、凹模和凸凹模	T8A,T10A,9Mn2V	58～62	60～64
	2	冲裁料厚 $t \leqslant 3$ mm，形状复杂或冲裁厚 $t > 3$ mm 的凸模、凹模和凸凹模	CrWMn,Cr6WV,9Mn2V,Cr12,Cr12MoV,GCr15	58～62	62～64
	3	要求高度耐磨的凸模、凹模和凸凹模，或生产量大、要求寿命长的凸凹模	W18Cr4V,120Cr4W2MoV	60～62	61～63
			65Cr4 Mo3W2VNb(65Nb)	56～58	58～60
			YG15,YG20	—	
	4	材料加热冲裁时用凸、凹模	3Cr2W8,5CrNiMo,5CrMnMo	48～52	
			6Cr4 Mo3Ni2WV(CG−2)	51～53	
弯曲模	1	一般弯曲用的凸、凹模及镶块	T8A,T10A,9Mn2V	56～60	
	2	要求高度耐磨的凸、凹模及镶块；形状复杂的凸、凹模及镶块；冲压生产批量特大的凸、凹模及镶块	CrWMn,Cr6WV,Cr12,Cr12MoV,GCr15	60～64	
	3	材料加热弯曲时用的凸、凹模及镶块	5CrNiMo,5CrNiTi,5CrMnMo	52～56	
拉深模	1	一般拉深用的凸模和凹模	T8A,T10A,9Mn2V	58～62	60～64
	2	要求耐磨的凹模和凸凹模，或冲压生产批量大，要求特长寿命的凸、凹模材料	Cr12,Cr12MoV,GCr15	60～62	62～64
			YG8,YG15	—	
	3	材料加热拉深用的凸模和凹模	5CrNiMo,5CrNiTi	52～56	

附表 3　冲模一般工件材料及热处理要求

类别	工件名称	材料牌号	热处理	硬度（HRC）
模架	铸铁上下模座	HT210,HT220		
	铸钢上下模座	A3,A5		
	型钢上下模座	20	渗碳淬火	56～60
	滑动导柱导套	T8	淬火	58～62
	滚动导柱导套	GCr15	淬火	62～65
板类	普通卸料板	A3,A5		
	高速冲压卸料板	45,GCr15	GCr15 淬火	58～62
	普通固定板	A3,A5		
	高速冲压固定板	45,T8	淬火	40～45,50～54
	围框	45		
	导料板、侧压板	45,T8	T8 淬火	52～56
	承料板	A3,A5,45		
	垫板	45,T8	淬火	40～45,50～55

续附表 3

类别	工件名称	材料牌号	热处理	硬度（HRC）
主导辅助件	拉深模压边圈	T10A,GCr15	淬火	58 ~ 62
	顶件器	45,T10A	淬火	40 ~ 45,56 ~ 62
	各种模芯	同凸凹模		
	导正销	T10A,GCr15,Cr12	淬火	58 ~ 62
	浮顶器	45,T10A,GCr15	淬火	40 ~ 45,56 ~ 60
	侧刃挡块	T8A	淬火	54 ~ 58
	废料顶钉	45	淬火	40 ~ 45
	条料弹顶器	45	淬火	40 ~ 45
	镦实板（块）	45,T10A	淬火	40 ~ 45,58 ~ 62
一般辅助件	模柄	A3,A5,45		
	限位柱（块）	45	淬火	40 ~ 45
	顶杆、打杆	45	淬火	40 ~ 45
	护板、挡板	A3,20		
紧固件	紧固螺钉、螺栓、螺丝	35	淬火	28 ~ 38
	销钉	35	淬火	28 ~ 38
	卸料钉	35	淬火	28 ~ 38
	垫柱	45	淬火	43 ~ 48
	丝堵	A3,45		
	螺母、垫圈	A3,45		
	键	45		
	弹簧	65Mn	淬火	43 ~ 48
	弹簧片	65Mn	淬火	43 ~ 48
	碟形弹簧	60SiA,65Mn	淬火、回火	48 ~ 52

附表 4　冲裁模初始双面间隙值 Z　　　　　　　　　　　　mm

材料厚度	软铝		纯铜,黄铜,软钢 $w(C)=(0.08 \sim 0.2)\%$		杜拉铝,中等硬钢 $w(C)=(0.3 \sim 0.4)\%$		硬钢 $w(C)=(0.5 \sim 0.6)\%$	
	Z_{min}	Z_{max}	Z_{min}	Z_{max}	Z_{min}	Z_{max}	Z_{min}	Z_{max}
0.2	0.008	0.012	0.010	0.014	0.012	0.016	0.014	0.018
0.3	0.012	0.018	0.015	0.021	0.018	0.024	0.021	0.027
0.4	0.016	0.024	0.020	0.028	0.024	0.032	0.028	0.036
0.5	0.020	0.030	0.025	0.035	0.030	0.040	0.035	0.045
0.6	0.024	0.036	0.030	0.042	0.036	0.048	0.042	0.054
0.7	0.028	0.042	0.035	0.049	0.042	0.056	0.049	0.063
0.8	0.032	0.048	0.040	0.056	0.048	0.064	0.056	0.072

续附表 4   mm

材料厚度	软铝		纯铜,黄铜,软钢 $w(C)=(0.08\sim0.2)\%$		杜拉铝,中等硬钢 $w(C)=(0.3\sim0.4)\%$		硬钢 $w(C)=(0.5\sim0.6)\%$	
	Z_{min}	Z_{max}	Z_{min}	Z_{max}	Z_{min}	Z_{max}	Z_{min}	Z_{max}
0.9	0.036	0.054	0.045	0.063	0.054	0.072	0.063	0.081
1.0	0.040	0.060	0.050	0.070	0.060	0.080	0.070	0.090
1.2	0.050	0.084	0.072	0.096	0.084	0.108	0.096	0.120
1.5	0.075	0.105	0.090	0.120	0.105	0.135	0.120	0.150
1.8	0.090	0.126	0.108	0.144	0.126	0.162	0.144	0.180
2.0	0.100	0.140	0.120	0.160	0.140	0.180	0.160	0.200
2.2	0.132	0.176	0.154	0.198	0.176	0.220	0.198	0.242
2.5	0.150	0.200	0.175	0.225	0.200	0.250	0.225	0.275
2.8	0.168	0.225	0.196	0.252	0.225	0.280	0.252	0.308
3.0	0.180	0.240	0.210	0.270	0.240	0.300	0.270	0.330
3.5	0.45	0.315	0.28	0.350	0.315	0.385	0.350	0.420
4.0	0.28	0.360	0.320	0.400	0.360	0.440	0.400	.0480
4.5	0.315	0.405	0.360	0.450	0.405	0.490	0.450	0.540
5.0	0.350	0.450	0.400	0.500	0.450	0.550	0.500	0.600
6.0	0.480	0.600	0.540	0.660	0.600	0.720	0.660	0.780
7.0	0.560	0.700	0.630	0.770	0.700	0.840	0.770	0.910
8.0	0.720	0.880	0.800	0.960	0.880	1.040	0.960	1.120
9.0	0.870	0.990	0.900	1.080	0.990	1.170	1.080	1.260
10.0	0.900	1.100	1.000	1.200	1.100	1.300	1.200	1.400

参考文献

[1] 刘建超,张宝忠.冲压模具设计与制造[M].北京:高等教育出版社,2010.

[2] 金龙建.冲压模具设计手册(多工位级进模卷)[M].北京:化学工业出版社,2018.

[3] 陈炎嗣.冲压模具设计实用手册(核心模具卷)[M].北京:化学工业出版社,2016.

[4] 尹成湖,周湛学.机械加工工艺简明速查手册[M].北京:化学工业出版社,2016.

[5] 曹立文.新编实用冲压模具设计手册[M].北京:人民邮电出版社,2007.

[6] 陈剑鹤.冲压工艺与模具设计[M].北京:机械工业出版社,2002.

[7] 张正修.冲模结构设计方法、要点及实例[M].北京:机械工业出版社,2007.